控制系统应用
案例分析

KONGZHI XITONG YINGYONG
ANLI FENXI

邹显圣 著

化学工业出版社
·北京·

内 容 简 介

本书从实用的角度出发，以典型案例的形式，由浅入深、循序渐进地介绍了罗克韦尔 Micro800 系列 PLC 中定时器和计数器、PowerFlex525 变频器、2711R-T7T 工业触摸屏、典型罗克韦尔被控对象的工程使用方法。全书主要内容包括：定时器和计数器的基本应用案例、PowerFlex525 变频器在调速系统中的应用案例、2711R-T7T 工业触摸屏在控制系统中的应用案例、滚珠丝杠滑台的应用案例和温度风冷被控对象应用案例等。

本书案例丰富，读者可以根据步骤详解操作，简单易上手。

本书可作为广大自动化技术人员的工程指导用书，也适合大中专院校电气自动化、机电一体化等相关专业的师生参考学习。

图书在版编目（CIP）数据

控制系统应用案例分析 / 邹显圣著. —北京 ： 化
学工业出版社，2023.6
ISBN 978-7-122-43163-9

Ⅰ.①控… Ⅱ.①邹… Ⅲ.①电气控制系统—系统设计 Ⅳ.①TM921.5

中国国家版本馆 CIP 数据核字（2023）第 051714 号

责任编辑：廉　静
责任校对：边　涛　　　　　　　　　装帧设计：王晓宇

出版发行：化学工业出版社(北京市东城区青年湖南街 13 号　邮政编码 100011)
印　　装：三河市延风印装有限公司
787mm×1092mm　1/16　印张 11　字数 258 千字　2023 年 6 月北京第 1 版第 1 次印刷

购书咨询：010-64518888　　　　　　售后服务：010-64518899
网　　址：http://www.cip.com.cn
凡购买本书，如有缺损质量问题，本社销售中心负责调换。

定　　价：56.00元

前言
PREFACE

随着电子技术和工业以太网技术的发展，以可编程序控制器为核心，以变频器和工业触摸屏等为辅助设备的新型自动化控制系统，已经逐渐取代了传统的经典控制系统。

控制系统应用技术是综合了可编程控制器应用技术、变频器应用技术、工业以太网通信技术、工业触摸屏应用及计算机技术的一门新兴技术，广泛应用于现代装备制造业等各行各业。

本书以实用为宗旨，图文并茂，实用性强。书中配备了大量的实例，详细地讲解了每一个实例的具体设计步骤，并且提供了PLC梯形图程序，供读者练习和自学。与传统的罗克韦尔Micro800系列PLC书籍相比较，本书更面向实际开发，更贴近于企业的生产过程，特别适合打算学习控制系统开发的技术人员。

本书由大连职业技术学院（大连开放大学）邹显圣老师撰写。在本书的撰写过程中，得到了罗克韦尔自动化中国大学项目部和大连锂工科技有限公司多位工程师的帮助，对本书提出了大量宝贵意见，在此表示最诚挚的谢意。

由于控制系统应用技术的迅速发展及作者水平有限，书中难免存在疏漏之处，敬请广大读者批评指正。

著者
2023年1月

目录
CONTENTS

第1章

定时器、计数器应用案例

在基于可编程控制器的控制系统中，定时器和计数器的应用非常广泛，能够灵活的应用定时器和计数器可以起到事半功倍的效果。

在罗克韦尔 Micro800 系列控制器中，定时器主要有 TON（打开延时计时器）、TOF（关闭延时计时器）、TONOFF（打开、关断延时计时器）和 TP（上升沿计时器）等 4 种类型，以 TON（打开延时计时器）的应用最为广泛。计数器主要有向上计数器（CTU）、向下计数器（CTD）和向上/向下计数器（CTUD）等 3 种类型，其中向上计数器（CTU）被广泛地应用在控制系统中。

为了能让刚入门的电气自动化工程师熟练掌握并应用 Micro800 系列控制器中的定时器和计数器，笔者按照由简到繁，由易而难的顺序，给出 3 个定时器和计数器的典型应用案例，供大家学习参考。

1.1 定时器基本应用案例

案例题目 —— 延时 5.7s 点亮一个指示灯 ——

1.1.1 控制要求

① 设置一个启动按钮 SB1（I-20）；

② 持续按下启动按钮 SB1≥5.7s 时，"O-11"指示灯被点亮，一旦松开 SB1 按钮，"O-11"指示灯熄灭。

1.1.2　案例实施步骤

① 请按照如图 1-1 所示的要求进行线路的安装；

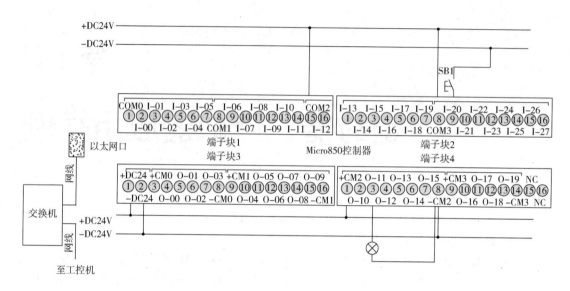

图 1-1　定时器应用案例硬件接线图

② 打开工控机上的"RSLinx Classic"软件，确定工控机的 IP 地址及 Micro850 控制器的 IP 地址之间可以正常的进行以太网通信，如图 1-2 所示；（本应用案例中工控机的 IP 地址为 192.168.1.201；Micro850 控制器的 IP 地址为 192.168.1.11；默认网关为 192.168.1.1；子网掩码为 255.255.255.0）。如果上述各设备之间不能进行正常的以太网通信，请务必首先做好通信工作之后才能进行如下的步骤；

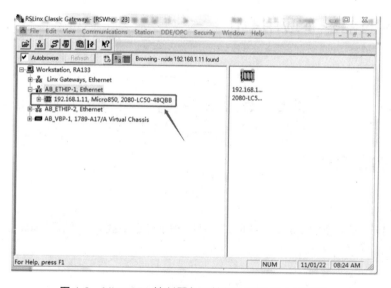

图 1-2　Micro850 控制器与工控机之间的以太网通信

③ 打开工控机中的 CCW 软件，新建一个项目，具体操作顺序如图 1-3 所示；

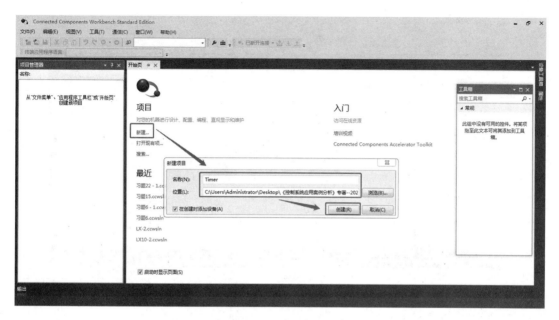

图 1-3　新建项目

④ 按照图 1-4 所示的方法，选择控制器；

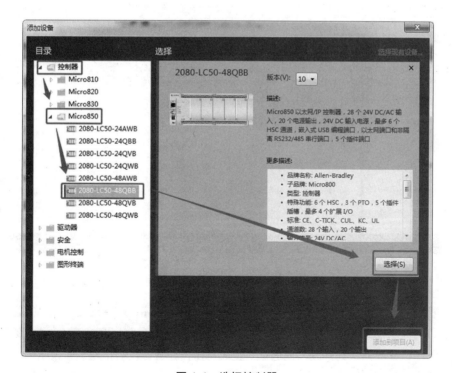

图 1-4　选择控制器

⑤ 右击"程序"→"添加"→"新建 LD：梯形图"，如图 1-5 所示；

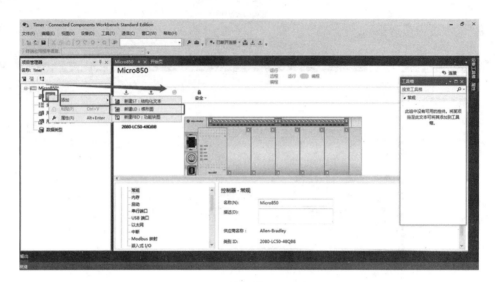

图 1-5　添加梯形图程序

⑥ 双击图 1-6 中的"Prog1"，开始输入如图 1-6 所示的梯形图程序；（注意：用户在建立梯形图程序的过程中一定要特别注意 Micro850 控制器 I/O 口的选择。）

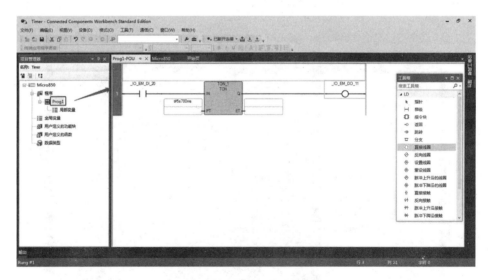

图 1-6　定时器案例梯形图程序

⑦ 按照如图 1-7 所示的方法，"生成"（编译）梯形图程序，这个过程中，用户需要特别注意屏幕下方的提示信息。如果"生成"之后出现"错误"或者"警告"信息，则需要用户返回到梯形图程序设计界面进行修改，再进行"生成"操作，直到没有出现"错误"或者"警告"信息提示为止，如图 1-8 所示；

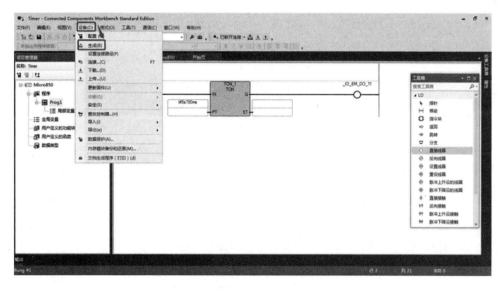

图 1-7　梯形图的"生成"方法

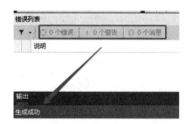

图 1-8　梯形图"生成"后的提示信息

⑧ 在图 1-9 所示的对话框中，选择 Micro850 控制器的 IP 地址后，按"确定"键；

图 1-9　根据 IP 地址选择 Micro850 控制器

⑨ 在图 1-10 所示的下载确认对话框中，选择"下载"；

图 1-10   下载确认

⑩ 将 Micro850 控制器的运行模式拨码开关拨动到"REM"挡位，点击如图 1-11 所示的"是（Y）"按钮，开始执行梯形图程序；

图 1-11   执行梯形图程序

⑪ 在罗克韦尔 Micro850 控制器执行梯形图程序的过程中，按下控制系统综合控制柜面板上的"I-20"按钮（即启动按钮 SB1，对应 Micro850 控制器的"_IO_EM_DI_20"输入端子），观察"O-11"（即 Micro850 控制器的"_IO_EM_DO_11"输出端子）指示灯的工作状态，如图 1-12 所示，同时观察工控机中 CCW 软件的梯形图程序工作状态。当"I-20"按钮被持续按下时间≥5.7s 时，"O-11"指示灯点亮，同时，工控机中 CCW 软件的定时器"TON_1"输出端 Q 的输出状态由"蓝色"变成"红色"（蓝色表示低电平"0"，红色表示高电平"1"），如图 1-13 和图 1-14 所示，控制系统综合控制柜面板指示灯工作状态如图 1-15 所示；

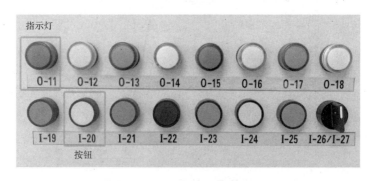

图 1-12   控制系统综合控制柜面板

图 1-13　未达到定时时间的情形

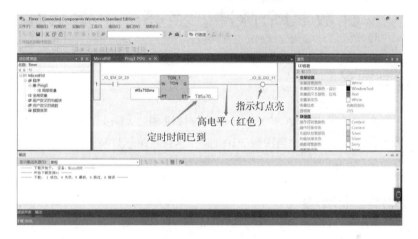

图 1-14　达到或超过定时时间的情形

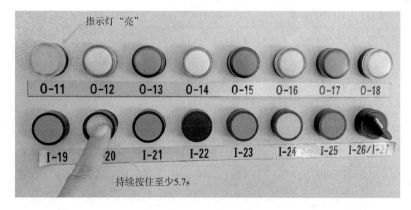

图 1-15　综合控制柜面板指示灯工作状态

1.1.3　分析与提高

本应用案例中，罗克韦尔 Micro850 控制器中的定时器在应用过程中，需要持续按住启动按钮 SB1 的时间在 5.7s 及以上，这时，定时器的输出端 "TON_1.Q" 才能输出高电平 "1"。如果按住按钮的持续时间不足 5.7s，则定时器的输出端 "TON_1.Q" 一直保持低电平 "0"。试想一下，如果定时器需要完成长时间的定时工作，用按钮实现定时器的输入显然是不现实的。在这种状态下就需要考虑用全局变量或者局部变量或者传感器检测到的信号来代替实际的按钮实现定时器的输入。

1.2 计数器基本应用案例

 案例题目 ——— 计数10个脉冲，点亮一个指示灯 ———

1.2.1 控制要求

① 设置一个启动按钮 SB1（I-20）和一个复位按钮 SB2（I-19）；
② 连续按下启动按钮 SB1，当次数≥10 时，"O-11"指示灯被点亮；
③ 按下复位按钮 SB2 时，"O-11"指示灯熄灭。

1.2.2 案例实施步骤

① 请按照如图 1-16 所示的要求进行线路的安装；

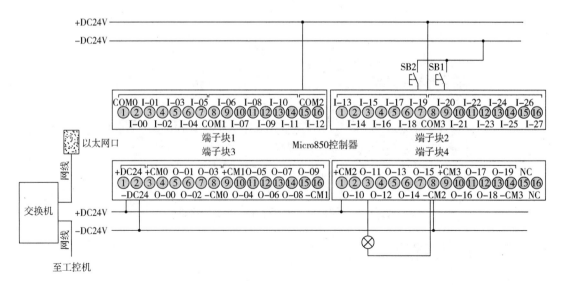

图 1-16 计数器应用案例硬件接线图

② 按照 "1.1 定时器基本应用案例实施" 中的 1.1.2 案例实施步骤步骤②~步骤⑥的方法,
在工控机的 CCW 软件中, 建立如图 1-17 所示的梯形图程序;

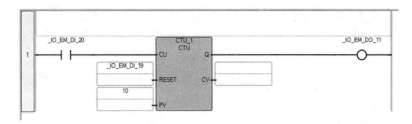

图 1-17　计数器案例梯形图程序

③ 按照定时器应用案例中的方法, 将如图 1-17 所示的梯形图程序, 按照顺序完成 "生
成" 和 "下载" 操作之后, 执行该梯形图程序。在罗克韦尔 Micro850 控制器执行梯形图程序的
过程中, 依次按下启动按钮 SB1(即 I-20 按钮, 对应 Micro850 控制器的 "_IO_EM_DI_20" 输
入端子), 观察 CCW 中计数器的输出端 "CV" 的状态, 每按下一次 SB1 按钮, 计数器的 "CV"
值增加 1, 当计数器输出端的 "CV" 值<10 时, 计数器 "CTU_1" 的输出端 Q 始终保持在低
电平 "0" 状态(蓝色), "O-11" 指示灯一直处于熄灭状态, 如图 1-18 所示; 随着 SB1 被按下
次数的增加, 当计数器输出端的 "CV" 值=10 时, 计数器 "CTU_1" 的输出端 Q 才由低电平
转变成高电平(红色), "O-11" 指示灯也随之被点亮, 如图 1-19 所示, 控制系统综合控制柜
面板上指示灯的状态如图 1-20 所示;

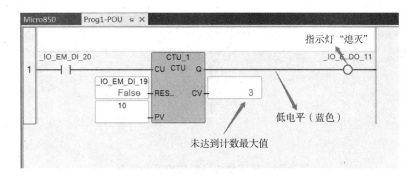

图 1-18　未达到计数值时的情形

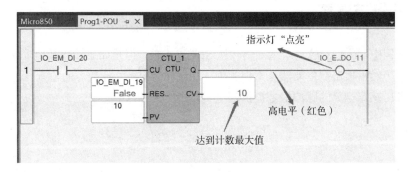

图 1-19　达到计数值时的情形

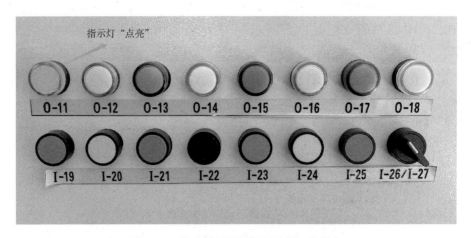

图 1-20　综合控制柜面板指示灯工作状态

④ 当计数器输出端的"CV"值＝10 时，如果此时继续按下 SB1 按钮，"CV"的值依然保持为 10，不再增加，计数器输出端 Q 始终维持在高电平状态（红色）。

⑤ 在"O-11"指示灯点亮的状态下，按下复位按钮 SB2（即"I-19"按钮，对应 Micro850 控制器的"_IO_EM_DI_19"输入端子），则"O-11"指示灯熄灭，计数器的输出端 Q 由红色变成蓝色（高电平变成低电平）；计数器输出端"CV"的值也随之被清 0，如图 1-21 所示。

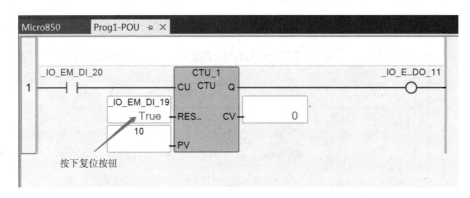

图 1-21　按下复位按钮 SB2 后的情形

1.2.3　分析与提高

本应用案例中，计数器的输入脉冲由按钮 SB1 来实现，但是如果计数数值非常庞大，计数器的输入脉冲仍然由按钮产生显然是不现实的。在这种情况下，计数器的输入脉冲可以由定时器的输出或者传感器检测的脉冲信号提供。

1.3　定时器、计数器联合应用案例

指示灯闪烁控制

1.3.1　控制要求

① 设置一个启动按钮 SB1（I-20）和一个停止按钮 SB2（I-19）；

② 按下启动按钮 SB1 时，"O-11"指示灯开始闪烁，时间间隔为 500ms，当闪烁 5 次之后，"O-11"指示灯自动熄灭；

③ 在任意时刻，按下停止按钮 SB2 时，"O-11"指示灯均停止闪烁。

1.3.2　案例实施步骤

① 请按照如图 1-22 所示的要求进行线路的安装；

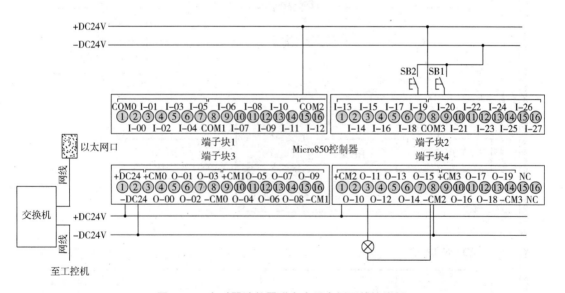

图 1-22　定时器计数器联合应用案例硬件接线图

② 按照"1.1 定时器基本应用案例"中的案例实施步骤步骤②~步骤⑥的方法，在工控机的 CCW 软件中，建立如图 1-23 所示的局部变量表和如图 1-24 所示的梯形图程序；

名称	别名	数据类型	维度	项目值	初始值	注释	字符串大小
ON_500ms		BOOL					
OFF_500ms		BOOL					
RESET		BOOL					

图 1-23　局部变量表

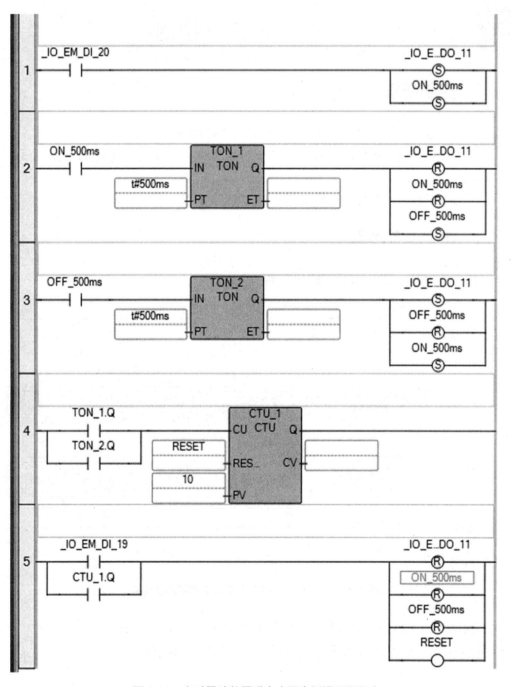

图 1-24　定时器计数器联合应用案例梯形图程序

③ 按照定时器应用案例中的方法，将如图 1-24 所示的梯形图程序，按照顺序完成"生成"和"下载"操作之后，执行该梯形图程序。此时，按下控制系统综合控制柜面板上的启动按钮 SB1（即"I-20"按钮），"O-11"指示灯开始闪烁，当闪烁的次数达到 5 次时，该指示灯自动熄灭，Micro850 控制器执行梯形图程序如图 1-25 所示；重新按下启动按钮 SB1，当"O-11"指示灯闪烁不足 5 次时，按下停止按钮 SB2（即"I-19"按钮），该指示灯立即停止闪烁。

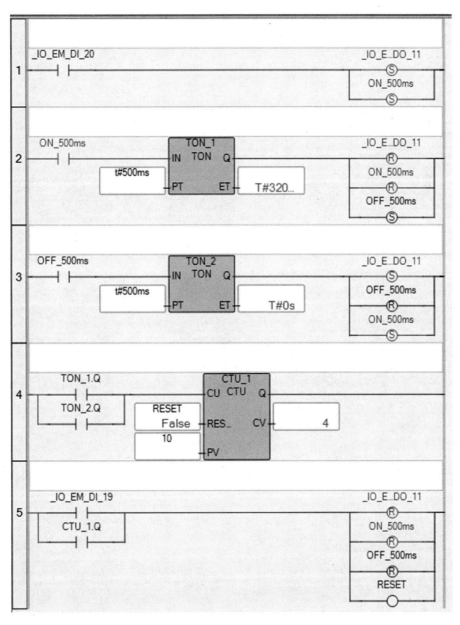

图 1-25　Micro850 控制器执行梯形图程序

1.3.3　分析与提高

　　本应用案例中，定时器的启动由局部变量实现，计数器的计数脉冲由定时器 TON_1 和定时器 TON_2 的输出信号联合实现，从而代替了传统由手动实现控制或者脉冲输入的方法。这种梯形图程序设计思想可以被广泛地应用到控制系统实践中，具有很强的借鉴意义。

第 2 章

PowerFlex525
变频器典型应用案例

Allen-Bradley PowerFlex520 系列交流变频器是新一代紧凑型变频器，功能多样，具有省时优势，有助于满足世界各地的广泛应用。PowerFlex520 系列交流变频器集创新型设计、多种电机控制选项、安装灵活、通信、节能、易于编程等优势于一身，有助于提高系统性能和缩短设计时间。

PowerFlex525 交流变频器是 PowerFlex520 系列交流变频器中的一款典型产品，它是罗克韦尔公司的新一代交流变频器产品，非常适合联网和简单的系统集成，其标准特性包括嵌入式 Ethernet/IP、安全性以及高达 22kW 的性能。它将各种电机控制选项、通信、节能和标准安全特性组合在一个高性价比变频器中，适用于从单机到简单系统集成的多种系统应用。

本章从如何建立变频器的网络通信入手，借助 2 个典型应用，详细介绍 PowerFlex525 变频器在工业控制领域的应用。

2.1 建立 PowerFlex525 交流变频器以太网通信网络

对于一台新的变频器，如果想要给它设定 IP 地址，可以采取以太网设置和变频器面板手动设置两种方法，下面分别介绍这两种设置方法。

2.1.1 借助以太网设置变频器 IP 地址

（1）将工控机的 IP 地址修改为"自动获得 IP 地址"

具体操作步骤如下。

① 点击"打开网络和共享中心"，如图 2-1 所示；

图 2-1　"网络设置"对话框

② 在如图 2-2 所示的对话框中，点击"更改适配器设置"；

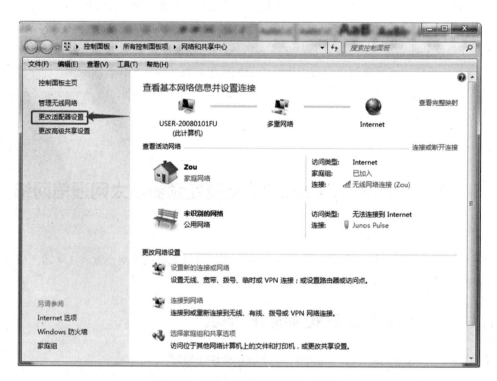

图 2-2　"更改适配器设置"对话框

③ 在如图 2-3 所示的对话框中，双击"本地连接 2"，出现如图 2-4 所示的画面，点击"属

性（P）"；

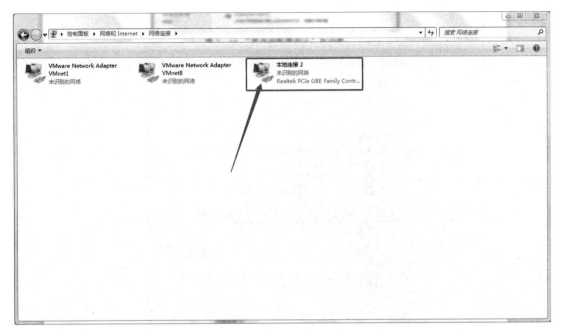

图 2-3 本地连接 2

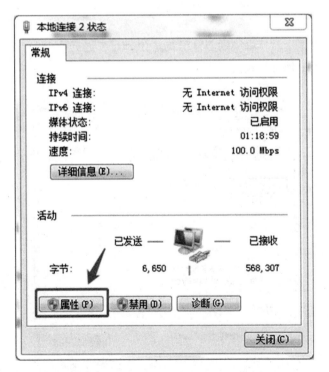

图 2-4 "本地连接 2 状态"设置对话框

④ 双击如图 2-5 所示对话框中的"Internet 协议版本 4（TCP/IPv4）"选项，出现如图 2-6 所示的对话框；

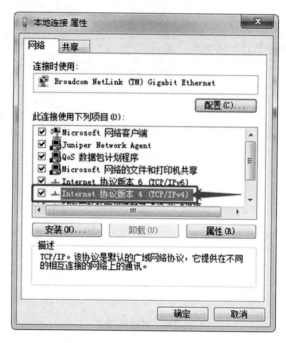

图 2-5 "本地连接属性"对话框

⑤ 点击如图 2-6 所示对话框中的"自动获得 IP 地址"之后，点击"确定"之后就完成了工控机的"自动获得 IP 地址"设置工作。

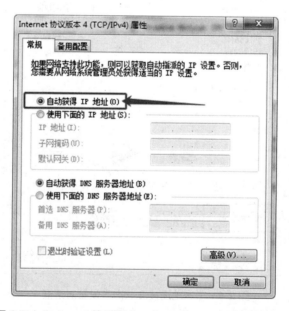

图 2-6 "Internet 协议版本 4（TCP/IPv4）属性"对话框

（2）通过"BOOTP-DHCP Tool"软件设定变频器的 IP 地址

具体操作步骤如下。

① 把要设定 IP 地址的变频器上的 MAC ID（F4:54:33:F4:9A:EF）记录下来，之后启动工控机上的 BOOTP-DHCP Tool 软件，如图 2-7 所示；

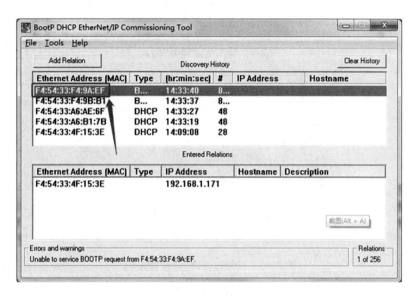

图 2-7　BOOTP-DHCP Tool 软件操作界面

② 在图 2-7 所示对话框的"Discovery History"窗口中，找到变频器的 MAC ID 之后，双击鼠标左键，出现如图 2-8 所示的对话框，并将变频器的 IP 地址（192.168.1.111）输入到图 2-8 所示的对话框中，如图 2-9 所示，点击"OK"即完成了变频器的 IP 地址设定，如图 2-10 所示。

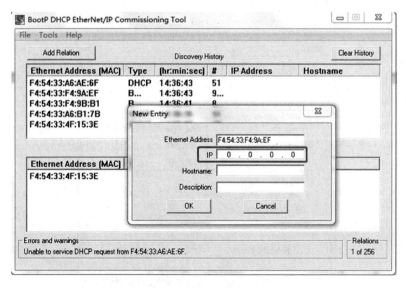

图 2-8　设置变频器 IP 地址初始对话框

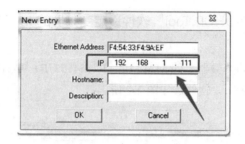

图 2-9　输入变频器 IP 地址

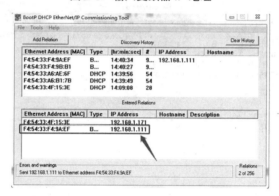

图 2-10　变频器 IP 地址设置完毕

（3）重新设定工控机的 IP 地址

将工控机的 IP 地址设定为：192.168.1.201；子网掩码为：255.255.255.0；默认网关为：192.168.1.1。具体操作步骤为：在图 2-5"Internet 协议版本 4（TCP/IPv4）"对话框中，点击"属性"之后，在图 2-11 所示的对话中，选择"使用下面的 IP 地址"，并按照图 2-11 所示，依次进行工控机的 IP 地址、子网掩码和默认网关的设置，本对话框的所有设置完成之后，点击"确定"。

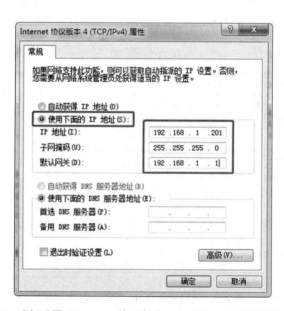

图 2-11　重新设置"Internet 协议版本 4（TCP/IPv4）属性"对话框

（4）在"RSLinx Classic"中，检查变频器的 IP 地址

具体操作步骤如下。

① 启动工控机上"RSLinx Classic"软件，出现如图 2-12 所示的"RSLinx Classic Lite"
窗口；

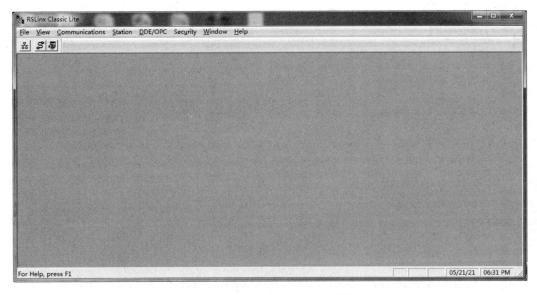

图 2-12　"RSLinx Classic Lite"窗口

② 在如图 2-13 所示的窗口中，点击"🔲"按钮；

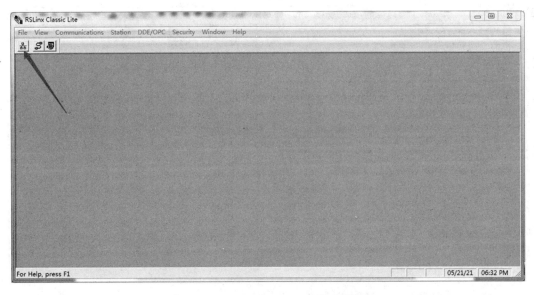

图 2-13　"RSLinx Classic Lite"设置窗口

③ 在如图 2-14 所示的窗口中，按照图示的要求，点击" ⊞ "；

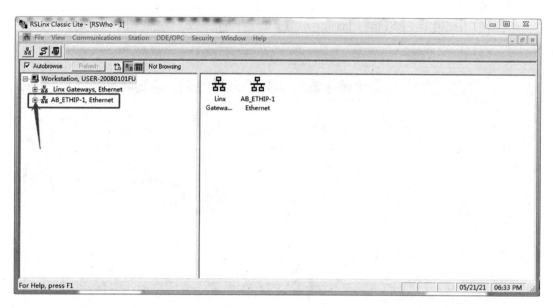

图 2-14　"RSLinx Classic Lite - [RSWho -]"设置窗口

④ 在如图 2-15 所示的窗口中，可以查询到变频器的 IP 地址为 192.168.1.111；

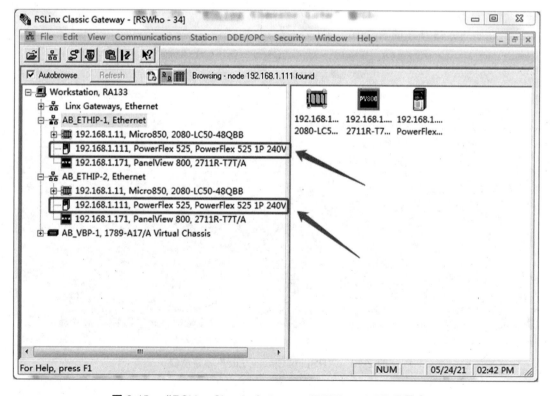

图 2-15　"RSLinx Classic Gateway - [RSWho - 34]"设置窗口

⑤ 在图 2-16 所示的变频器 IP 地址上，右击，选择"Module Configuration"选项，出现如图 2-17 所示的对话框；

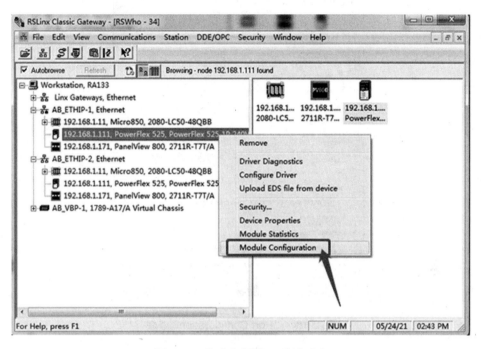

图 2-16　修改变频器 IP 地址形式

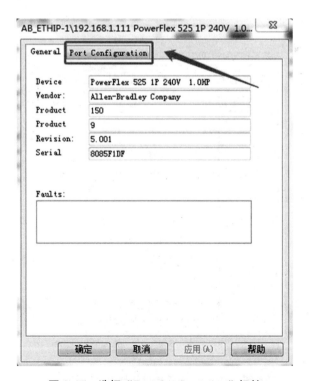

图 2-17　选择"Port Configuration"标签

⑥ 在图 2-17 中，点击"Port Configuration"标签，出现如图 2-18 所示画面；

图 2-18   "Port Configuration"标签

⑦ 按照图 2-19 所示的要求，将"Network Configuration Type"修改为"Static"（静态）类型，点击"确定"确认操作；

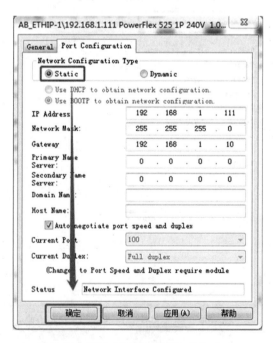

图 2-19   修改 IP 地址类型为"Static"

⑧ 至此，这台新变频器的 IP 地址已经设置完成。

2.1.2　手动设置变频器 IP 地址

2.1.2.1　变频器的常用参数说明

要配置变频器以特定方式运行，必须设置某些变频器参数。PowerFlex525 交流变频器的参数分为基本显示、基本程序、端子块、通信、逻辑、高级显示及高级程序等多个组别。

当用户通过变频器的面板，采用手动的方式来设置变频器 IP 地址的时候，需要掌握与手动设置紧密联系的参数以及这些参数的具体功能。这些参数包括：P046、P047、C128、C129～C132、C133～C136 及 C137～C140。下面我们分别予以介绍。

（1）参数 P046 及功能说明

参数 P046 属于基本程序组，它用于配置变频器的启动源。当用户更改这些输入时，一经输入便立即生效。参数 P046 的功能说明如表 2-1 所示。

表 2-1　参数 P046 功能说明

参数选项	具体含义
1	键盘（默认值）
2	数字量输入端子块
3	串行/DSI
4	网络选项
5	Ethernet/IP

（2）参数 P047 及功能说明

参数 P047 属于基本程序组，它表示变频器的"速度基准值 1"，用于选择变频器速度命令源，当用户更改这些输入时，一经输入便立即生效。参数 P047 的功能说明如表 2-2 所示。

表 2-2　参数 P047 功能说明

参数选项	具体含义
1	变频器电位器（默认值）
2	键盘频率
3	串行/DSI
4	网络选项
5	0～10V 输入
6	4～20mA 输入

续表

参数选项	具体含义
7	预设频率
8	模拟量输入乘数
9	MOP
10	脉冲输入
11	PID1 输出
12	PID2 输出
13	步进逻辑
14	编码器
15	Ethernet/IP
16	定位

（3）参数 C128 及功能说明

参数 C128 属于通信组，它表示变频器的 EN 地址选择。启用由 BOOTP 服务器设置 IP 地址、子网掩码和网关地址，完成选择后，需要复位或循环上电。参数 C128 的功能说明如表 2-3 所示。通常情况下，用户要将 C128 设定为 "1"（参数）。

表 2-3　参数 C128 功能说明

参数选项	具体含义
1	参数
2	BOOTP（默认）

（4）参数 C129～C132 及功能说明

参数 C129～C132 均属于通信组，分别用来完成变频器的 EN IP 地址配置 1、EN IP 地址配置 2、EN IP 地址配置 3 和 EN IP 地址配置 4。如果 EN IP 地址配置 1 为 "192"、EN IP 地址配置 2 为 "168"、EN IP 地址配置 3 为 "1"、EN IP 地址配置 4 为 "141"，则表示该变频器的 IP 地址为 192.168.1.141。变频器的参数 C129～C132 在完成选择后，需要复位或循环上电。参数 C129～C132 的说明如表 2-4 所示。

说明：如果要设置参数 C129～C132，那么用户必须事先将参数 C128 设为 "1"（参数）。

表 2-4　参数 C129～C132 功能说明

默认值	0
最小值	0
最大值	255

（5）参数 C133~C136 及功能说明

参数 C133~C136 均属于通信组，分别用来完成变频器的 EN 子网配置 1、EN 子网配置 2、EN 子网配置 3 和 EN 子网配置 4。如果 EN 子网配置 1 为"255"、EN 子网配置 2 为"255"、EN 子网配置 3 为"255"、EN 子网配置 4 为"0"，则表示该变频器的子网掩码为 255.255.255.0。变频器的参数 C133~C136 在完成选择后，需要复位或循环上电。参数 C133~C136 的说明如表 2-5 所示。

说明：如果要设置参数 C133~C136，那么用户必须事先将参数 C128 设为"1"（参数）。

表 2-5　参数 C133~C136 功能说明

默认值	0
最小值	0
最大值	255

（6）参数 C137~C140 及功能说明

参数 C137~C140 均属于通信组，分别用来完成变频器的 EN 网关配置 1、EN 网关配置 2、EN 网关配置 3 和 EN 网关配置 4。如果 EN 网关配置 1 为"192"、EN 网关配置 2 为"168"、EN 网关配置 3 为"1" EN 网关配置 4 为"1"，则表示该变频器的默认网关为 192.168.1.1。变频器的参数 C137~C140 在完成选择后，需要复位或循环上电。参数 C137~C140 的说明如表 2-6 所示。

说明：如果要设置参数 C137~C140，那么用户必须事先将参数 C128 设为"1"（参数）。

表 2-6　参数 C137~C140 功能说明

默认值	0
最小值	0
最大值	255

2.1.2.2　通过变频器面板手动设置变频器 IP 地址

下面我们就通过操作变频器上的面板，以手动的方式来设置变频器的 IP 地址、子网掩码及默认网关等。具体操作步骤如下。

图 2-20　变频器的面板

① 当 PowerFlex525 交流变频器（以下简称变频器）通电并完成启动之后，其显示屏如图 2-20 所示；

图 2-21　参数"b001"

② 按 " Esc " 键，变频器的屏幕显示为如图 2-21 所示画面，此时 "b001" 中的 "1" 处于闪烁的状态；

图 2-22　调整参数到"b006"

③ 按 "△" 键，将 "1" 调整到 "6"，出现如图 2-22 所示的画面，此时画面中的 "6" 处于闪烁状态；

图 2-23　调整参数"b006"的闪烁位

④ 按 "Sel" 键，将闪烁位调整到右数第 2 位，让这位的 "0" 处于闪烁状态，如图 2-23 所示；

图 2-24　调整参数为"P046"

⑤ 按 "△" 键，将这一位的 "0" 调整到 "4"，如图 2-24 所示，此时画面中的"4"处于闪烁状态（注意：此时参数的首位由 "b" 自动切换成 "P"）；

图 2-25　参数 "P046" 的初始值

⑥ 按 "⏎" 键，变频器的屏幕上显示 "1"，如图
2-25 所示；

图 2-26　参数 "p046" 修改后的值

⑦ 按 "△" 键，将 "1" 调整到 "5"，如图 2-26
所示，按 "⏎" 键确认；

图 2-27　对参数 "P046" 进行调整

⑧ 按 "Esc" 键返回，此时出现如图 2-27 所示的画
面，画面中的 "6" 在闪烁；

图 2-28　参数切换到"P047"

⑨ 按 "〈 △ 〉" 键，将画面中的 "6" 调整到 "7"，出现如图 2-28 所示的画面，此时画面中的 "7" 处于闪烁状态；

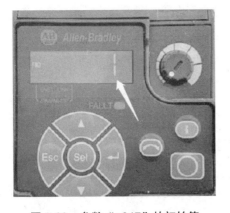

图 2-29　参数 "p047" 的初始值

⑩ 按 "〈 ◁ 〉" 键，变频器的屏幕上显示 "1"，如图 2-29 所示；

图 2-30　参数值切换到"15"

⑪ 按 "〈 △ 〉" 键，将 "1" 调整到 "15"，如图 2-30 所示，按 "〈 ◁ 〉" 键确认；

图 2-31　再次显示参数 "P047"

⑫ 按 " Esc " 键返回，此时变频器屏幕上显示为如图 2-31 所示的画面，画面的 "7" 在闪烁；

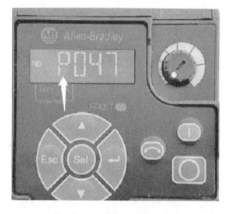

图 2-32　闪烁位切换到 "P"

⑬ 按 " Esc " 键，将闪烁位由 "7" 切换到 "P"，如图 2-32 所示；

图 2-33　闪烁位由 "P" 切换成 "C"

⑭ 按 " △ " 键进行切换，直到 "P" 变成 "C"，如图 2-33 所示，此时画面中的 "C" 处于闪烁状态；

图 2-34　调整闪烁位为"1"

⑮ 按 " " 键后，此时如图 2-34 所示的 "1" 在闪烁；

图 2-35　参数切换到"C128"

⑯ 按 " " 键，将屏幕上的"C121"切换到"C128"，如图 2-35 所示，此时画面中的 "8" 在闪烁；

图 2-36　参数"C128"的初始值

⑰ 按 " " 键后，屏幕上显示 "2"，如图 2-36 所示；

图 2-37　参数 "C128" 调整后的值

⑱ 按 "▽" 键，将 "2" 调整到 "1"，此时 "1" 在闪烁，按 "◀" 键后确认，"1" 不再闪烁，如图 2-37 所示；

图 2-38　再次显示参数 "C128"

⑲ 按 "Esc" 键返回后，屏幕如图 2-38 所示，画面中 "8" 在闪烁；

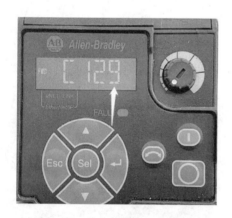

图 2-39　参数切换到 "C129"

⑳ 按 "△" 键，将屏幕上的 "C128" 切换到 "C129"，如图 2-39 所示，此时画面中的 "9" 在闪烁；

图 2-40　参数"C129"的初始值

㉑ 按"⬦"键后，屏幕上显示"0"，如图 2-40 所示；

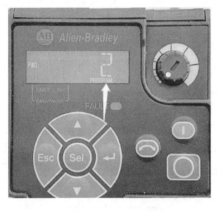

图 2-41　调整初始值到"2"

㉒ 按"△"键，将屏幕上的"0"切换到"2"，此时"2"处于闪烁状态，如图 2-41 所示；

图 2-42　切换闪烁位

㉓ 按"Sel"键进行切换，屏幕显示"02"，此时"0"处于闪烁状态，如图 2-42 所示；

图 2-43　调整参数到"9"

㉔ 按"△"键，将屏幕上的"0"切换到"9"，此时"9"处于闪烁状态，如图 2-43 所示；

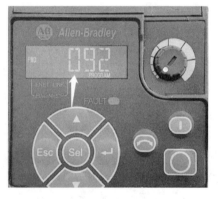

图 2-44　闪烁位切换到"0"

㉕ 按"Sel"键进行切换，屏幕显示"092"，此时"0"处于闪烁状态，如图 2-44 所示；

图 2-45　调整参数值到"1"

㉖ 按"△"键，将屏幕上的"0"调整到"1"，此时"1"处于闪烁状态，如图 2-45 所示；

图 2-46　完成参数"C129"值的设定

㉗ 按"⏎"键确认后，屏幕上的"192"均不再闪烁，再按"Esc"键返回后，屏幕如图 2-46 所示，此时屏幕中的"9"处于闪烁状态。说明：至此，我们已经将"192"赋给了参数"C129"。"192"是变频器 IP 地址"192.168.1.141"的第一部分；

㉘ 重复步骤 ⑳～㉗，将"168"赋给参数"C130"；将"1"赋给参数"C131"；将"141"赋给参数"C132"。至此，我们已经将参数"C129"～参数"C132"分别赋值为"192""168""1""141"，表明我们已经将变频器的 IP 地址设定为 192.168.1.141；

㉙ 继续重复步骤 ⑳～㉗，将"255"赋给参数"C133"；将"255"赋给参数"C134"；将"255"赋给参数"C135"；将"0"赋给参数"C136"。至此，我们已经将参数"C133"～参数"C136"分别赋值为"255""255""255""0"，表明我们已经将变频器的子网掩码设定为 255.255.255.0；

㉚ 继续重复步骤 ⑳～㉗，将"192"赋给参数"C137"；将"168"赋给参数"C138"；将"1"赋给参数"C139"；将"1"赋给参数"C140"。至此，我们已经将参数"C137"～参数"C140"分别赋值为"192""168""1""1"，表明我们已经将变频器的默认网关设定为 192.168.1.1；

㉛ 到目前为止，我们已经通过操作变频器面板，以手动的方式，顺利完成了变频器的 IP 地址设定、子网掩码设定及变频器的默认网关设定工作。此时，如果打开工控机上的"RSLinx Classic"软件，即可以查询到该变频器 IP 地址，如果图 2-47 所示。

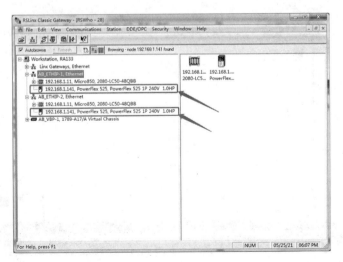

图 2-47　在"RSLinx Classic"软件下查询到变频器的 IP 地址

2.1.3　通过 CCW 软件修改变频器 IP 地址

当用户通过上面所述两种方法之一，完成了变频器的 IP 地址的设定工作，如果遇到该变频器的 IP 地址与其他设备的 IP 地址有冲突或者用户主观方面就想修改该变频器的 IP 地址，应该采用哪种行之有效的途径进行修改呢？下面就开始介绍通过 CCW 软件修改变频器 IP 地址的方法。

① 在工控机上，双击"　　　　"快捷方式，打开 Connected Components Workbench（简称 CCW）软件，如图 2-48 所示；

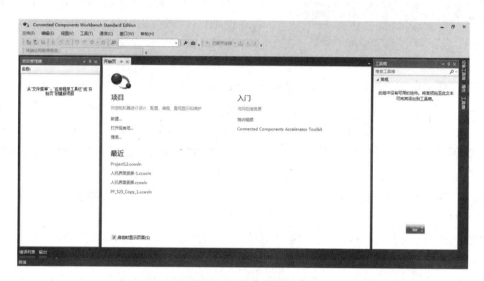

图 2-48　CCW 软件界面

② 在图 2-48 中，点击菜单"文件"，选择"新建"，如图 2-49 所示；

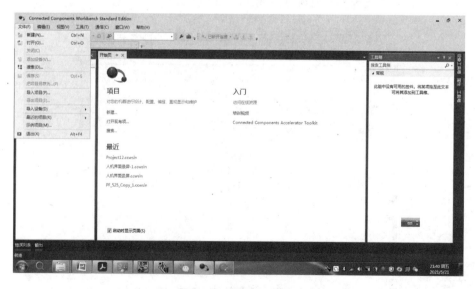

图 2-49　新建项目窗口

③ 在如图 2-50 所示的对话框中，输入新建项目的名称之后，点击"创建"；

图 2-50　创建项目对话框

④ 在"添加设备"对话框中，点击"驱动器"，如图 2-51 所示；

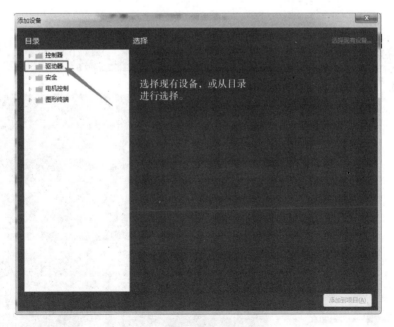

图 2-51　"添加设备"对话框（1）

⑤ 选择"PowerFlex 525"驱动器，之后按"选择"按钮，如图 2-52 所示；

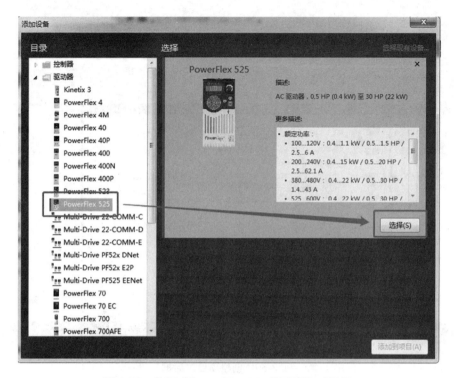

图 2-52　选择"PowerFlex 525 驱动器"对话框

⑥ 在如图 2-53 所示的对话框中，按"添加到项目"按钮；

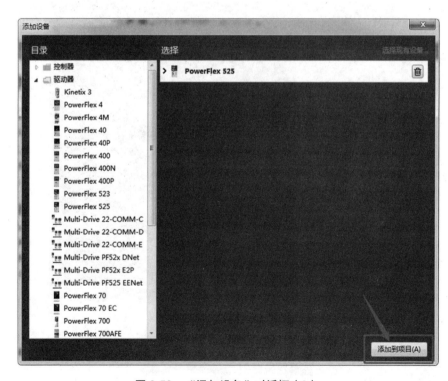

图 2-53　"添加设备"对话框（2）

⑦ 双击如图 2-54 所示的 "PowerFlex 525"，在之后出现的图 2-55 中，单击 "参数" 按钮；

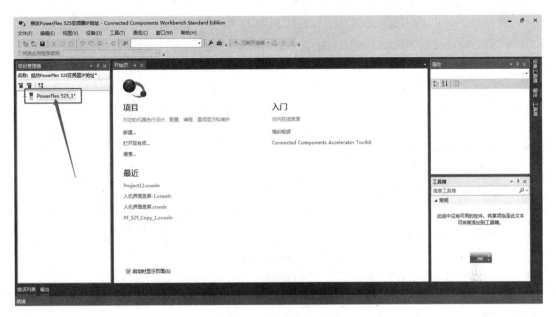

图 2-54　变频器设置对话框

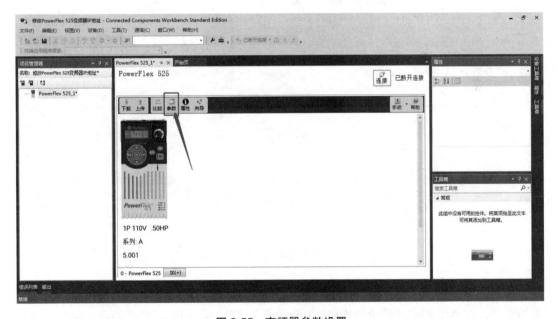

图 2-55　变频器参数设置

⑧ 在图 2-56 中，选择 "参数" 选项，在图 2-57 中，选择 "参数" 中的 "基本程序" 选项；

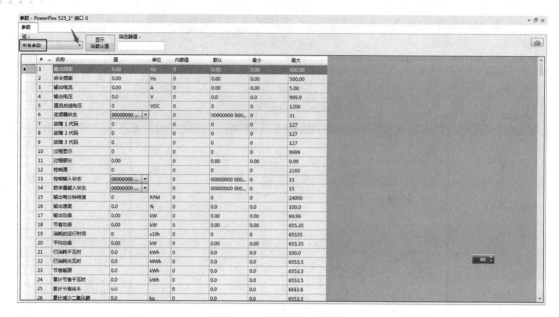

图 2-56　参数选择对话框

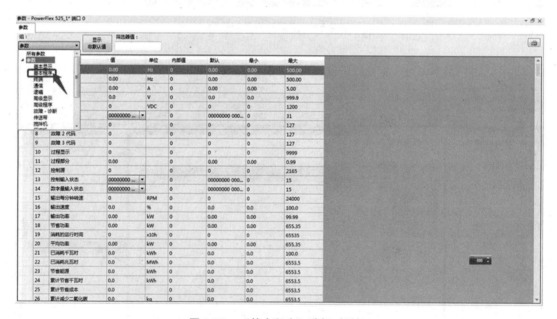

图 2-57　"基本程序"选择对话框

⑨ 在图 2-58 中，将参数 P046（启动源 1）设置为"Ethernet/IP"，对应的内部值自动变更为"5"；将参数 P047（速度基准值 1）也设置为"Ethernet/IP"，对应的内部值自动变更为"15"；

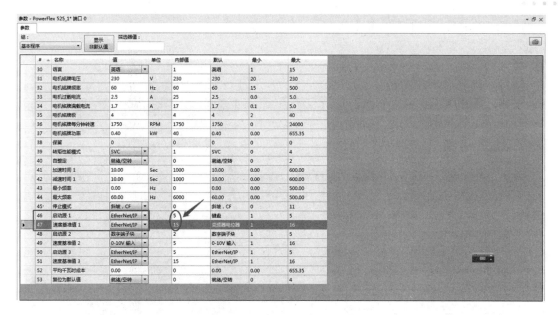

图 2-58　进行相关参数设置

⑩ 在图 2-59 的"参数"中选择"通信"选项；

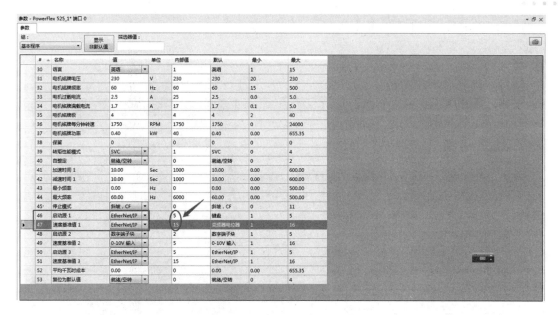

图 2-59　"通信"选项对话框

⑪ 按照图 2-60 所示，按由上到下的顺序，分别设置参数 C128（地址选择使能）为"参数"选项，对应的内部值为"1"；设置参数 C129、C130、C131 和 C132 为"192""168""1""80"，表示变频器新的 IP 地址为 192.168.1.80（变频器原来的 IP 地址为 192.168.1.141）；设置参数 C133、C134、C135 和 C136 为"255""255""255""0"，表示变频器新的子网掩码为 255.255.255.0；设置参数 C137、C138、C139 和 C140 为"192""168""1""1"，表示变频器默

认网关为 192.168.1.1。所有设置完成之后，关闭此对话框；

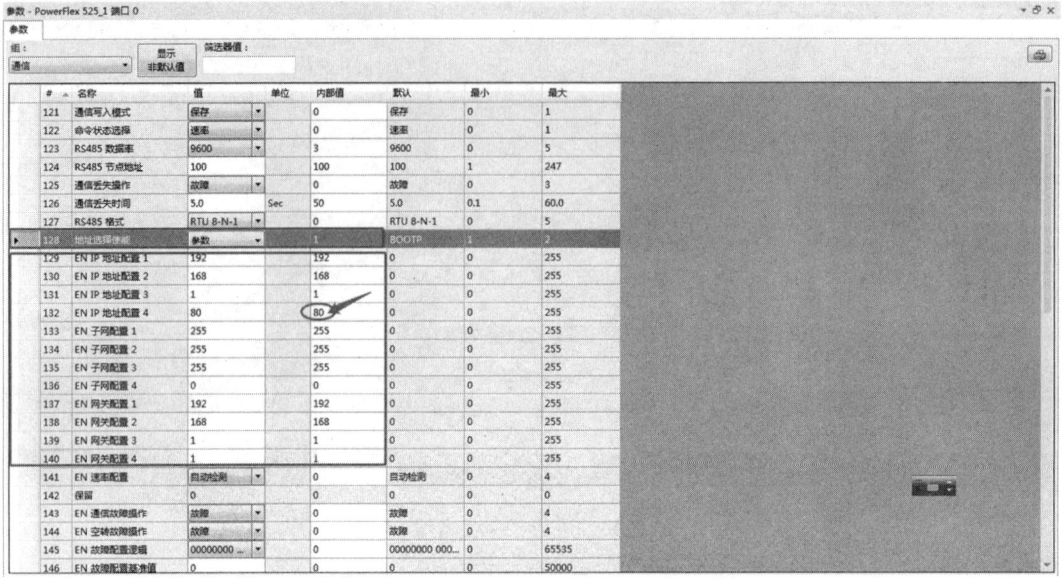

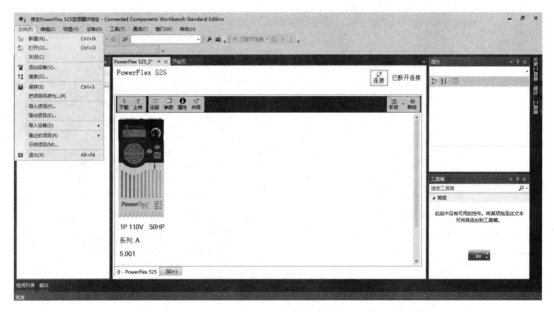

图 2-60　相关参数设置

⑫ 点击菜单"文件"→"保存"本项目，如图 2-61 所示。

图 2-61　保存项目

⑬ 目前，我们可以将在 CCW 中给变频器编辑好的各个参数下载到变频器中，在图 2-62 中，按"下载"按钮；

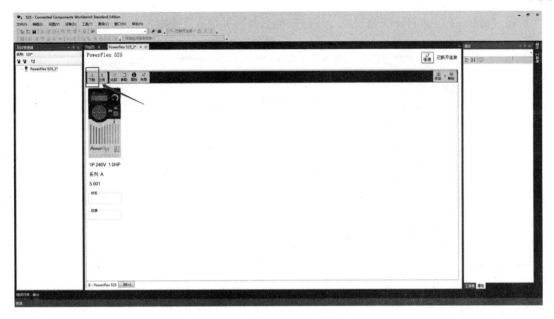

图 2-62　准备进行"下载"操作

⑭ 点击如图 2-63 所示的"⊞"，为进一步的下载工作做好准备；

图 2-63　下载准备工作

⑮ 按照如图 2-64 所示，先选择要下载的变频器，再点击"确定"；

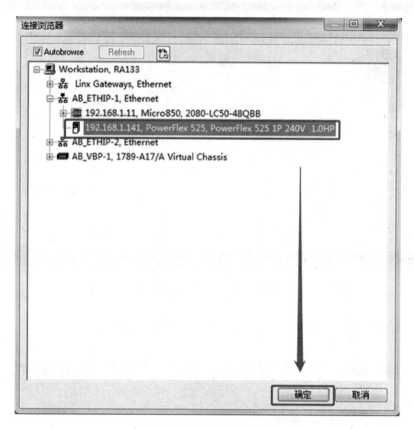

图 2-64　选择下载的变频器

⑯ 在如图 2-65 所示的对话框中，首先确认变频器的 IP 地址是否正确（这个 IP 地址是变频器原来的 IP 地址），然后点击"下载整个设备"按钮；

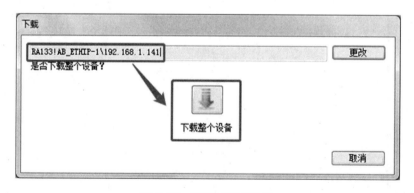

图 2-65　下载过程对话框

⑰ 当整个下载过程进行完毕之后，CCW 软件的界面如图 2-66 所示，图中所指示的 IP 地址是变频器原来的 IP 地址；

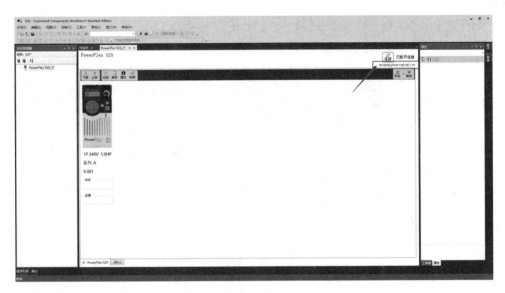

图 2-66　下载完成之后的 CCW 界面

⑱ 重新启动变频器（注意：首先给变频器断电，一定要等到变频器发出响声，彻底断电之后，再重新启动变频器），切换到"RSLinx Classic"软件界面，如图 2-67 所示。由图 2-67 可以看出，变频器原来的 IP 地址已经失效，点击图 2-67 中的"　品　"按钮，执行以太网的"刷新"操作；

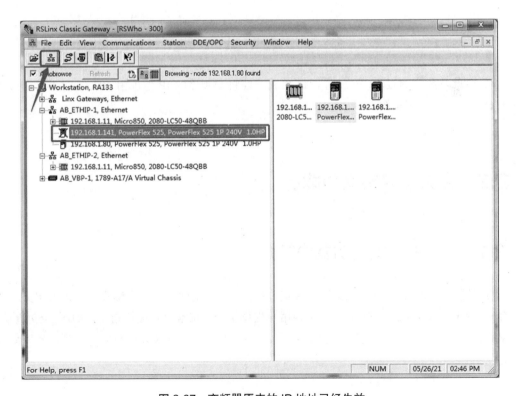

图 2-67　变频器原来的 IP 地址已经失效

⑲ 经过上一步的以太网"刷新"操作之后，出现如图 2-68 所示的画面，在图 2-68 中，我们已经看到了变频器修改后的 IP 地址（192.168.1.80）；

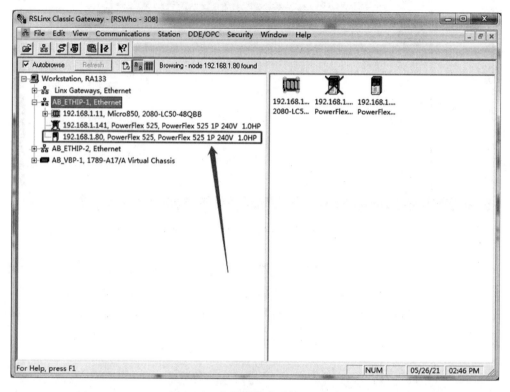

图 2-68　变频器修改后的 IP 地址

⑳ 至此，我们通过 CCW 软件，已经成功地将变频器的 IP 地址由 192.168.1.141 修改为 192.168.1.80，此项工作结束。

2.2　变频器自定义功能块

2.2.1　变频器自定义功能块简介

为了便于实现变频器的以太网网络通信，罗克韦尔自动化的工程师编写了一个自定义功能块指令"RA_PFx_ENET_STS_CMD"，为用户提供了一个标准化功能块指令，如图 2-69 所示。在 Micro850 控制器下，用户通过简单的编程，就可以实现 Micro850 控制器对变频器的以太网控制。

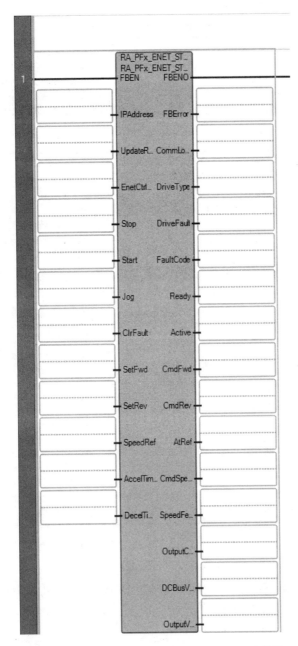

图 2-69　"RA_PFx_ENET_STS_CMD" 功能块

2.2.2　RA_PFx_ENET_STS_CMD 自定义功能块参数说明

RA_PFx_ENET_STS_CMD 自定义功能块的作用是通过 Micro850 控制器来驱动变频器进行频率输出，驱动电动机运转。该功能模块较为复杂，有多个输入变量和输出变量，在此，著者选择比较重要的几个变量寄存器进行讲解。RA_PFx_ENET_STS_CMD 自定义功能块的参数说明如表 2-7 所示。

表 2-7　自定义功能块的参数说明

参数名称	数据类型	作用
IPAddress	STRING	要控制的变频器的IP地址
UpdateRate	UDINT	循环触发时间，为0表示默认值500ms
Start	BOOL	1-开始
Stop	BOOL	1-停止
SetFwd	BOOL	1-正转，
SetRev	BOOL	1-反转，
SpeedRef	REAL	速度参考值，单位为Hz
CmdFwd	BOOL	1-当前方向为正转
CmdRev	BOOL	1-当前方向为反转
AccelTime1	Real	加速时间，单位为s
DecelTime1	Real	减速时间，单位为s
Ready	BOOL	PowerFlex525已经就绪
Active	UDINT	PowerFlex525已经被激活
FBError	BOOL	PowerFlex525出错
FaultCode	DINT	PowerFlex525错误代码
Feedback	REAL	反馈速度

（1）Stop

Stop 属于 BOOL 数据类型，它是变频器的停止标志位：当该位为"1"时，表示变频器停止运行；当该位为"0"时，表示解除变频器的停止状态。

（2）Start

Start 属于 BOOL 数据类型，它是变频器的启动标志位：当该位为"1"时，表示变频器启动运行；当该位为"0"时，表示解除变频器的启动状态。

关于"解除"的说明：

"解除"的含义是没有改变原有的状态，若要改变原有的状态，则需要使用对立的命令来实现。

（3）Jog

Jog 属于 BOOL 数据类型，它是变频器的点动标志位：当该位为"1"时，表示变频器以 10Hz 的频率对外输出；当该位为"0"时，表示变频器停止频率输出。

（4）SetFwd

SetFwd 属于 BOOL 数据类型，它是变频器正向输出频率的标志位：当该位为"1"时，表示变频器正向输出频率；当该位为"0"时，表示解除变频器正向输出频率。

（5）SetRev

SetRev 属于 BOOL 数据类型，它是变频器反向输出频率标志位：当该位为"1"时，表示变频器反向输出频率；当该位为"0"时，表示解除变频器反向输出频率。

（6）SpeedRef

SpeedRef 属于 REAL 数据类型，它是变频器频率给定寄存器。该寄存器用于对变频器的频率进行赋值。

（7）DCBusVoltage

DCBusVoltage 属于 REAL 数据类型，它是变频器输出电压指示寄存器：该寄存器指示变频器的三相输出电压，也可用来验证变频器与 Micro850 控制器是否连接上。输出值为 320 左右，则表示已经通信成功。

2.3　变频器应用典型案例与分析

2.3.1　改变三相异步电动机转动方向应用案例

案例题目 ——— 三相异步电动机的正反转控制 ———
（正转时工作频率为 35Hz，反转时的工作频率为 20Hz）

（1）控制要求

① 设置一个启动按钮 SB1 和一个停止按钮 SB2；

② 按下启动按钮 SB1 时，三相异步电动机以 35Hz 的频率正向启动，并持续正向工作 20s；

③ 当正向转动到达 20s，三相异步电动机自动停止 500ms，紧接着自动开始保持长时间的反向转动；

④ 在任意时刻，按下停止按钮 SB2 后，三相异步电动机均可停止转动。

（2）案例实施步骤

① 请按照如图 2-70 所示的要求进行线路的安装；

② 打开工控机上的"RSLinx Classic"软件，确定工控机的 IP 地址、变频器的 IP 地址以及 Micro850 控制器的 IP 地址之间可以正常地进行以太网通信，如图 2-71 所示；（本应用案例中工控机的 IP 地址为 192.168.1.201；变频器的 IP 地址为 192.168.1.141；Micro850 控制器的 IP 地址为 192.168.1.11；默认网关为 192.168.1.1；子网掩码为 255.255.255.0）。如果上述各设备之间不

能进行正常的以太网通信，请务必首先做好通信工作，其次做好变频器电源模块的安装接线工作，最后才能进行如下的步骤；

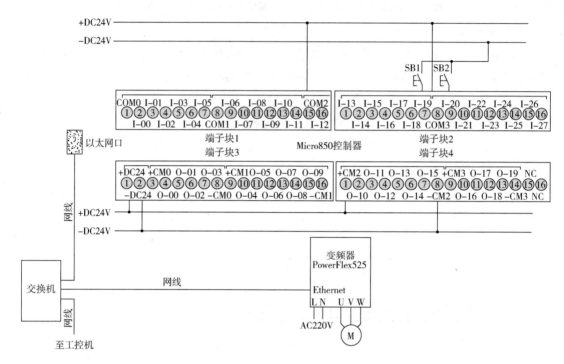

图 2-70 应用案例接线图

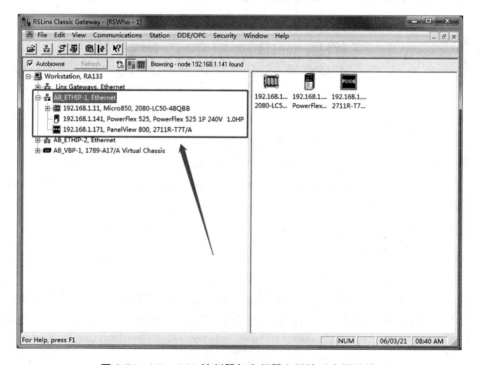

图 2-71 Micro850 控制器与变频器之间的以太网通信

③ 打开工控机中的 CCW 软件，新建一个项目，具体操作顺序如图 2-72 所示；

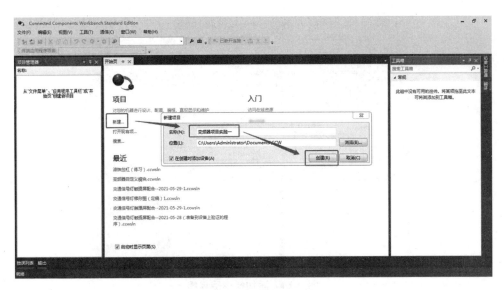

图 2-72　新建项目

④ 按照图 2-73 所示的方法，选择控制器；

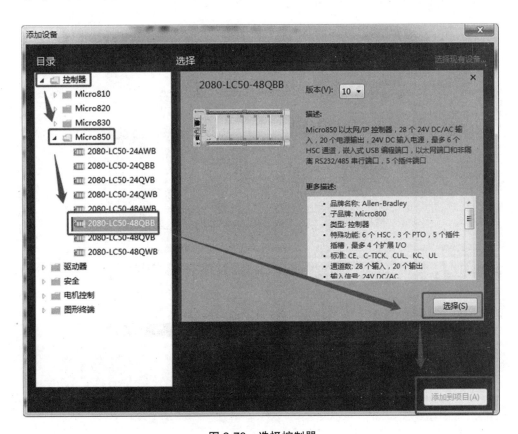

图 2-73　选择控制器

⑤ 右击"程序"→"添加"→"新建 LD：梯形图"，如图 2-74 所示；

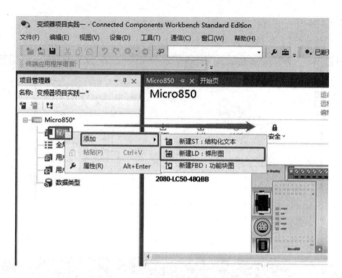

图 2-74　添加梯形图程序

⑥ 导入罗克韦尔工程师编写的变频器控制自定义功能块。按照如图 2-75 所示的操作顺序，右击"Prog1"→"导入"→"导入交换文件"；

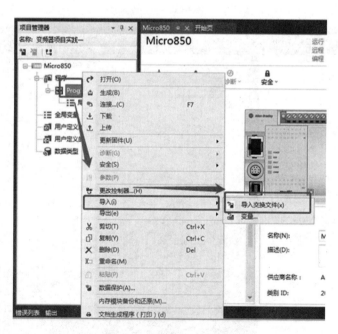

图 2-75　准备导入功能块

⑦ 找到与功能块相对应的交换文件的存放位置，选择"导入"即可，如图 2-76 和图 2-77 所示；

图 2-76　找到文件的存放位置

图 2-77　导入交换文件（功能块）

⑧ 双击图 2-78 中的"局部变量"，建立本应用案例所需要的局部变量表，此处需要读者特别注意变量的数据类型和初始值；

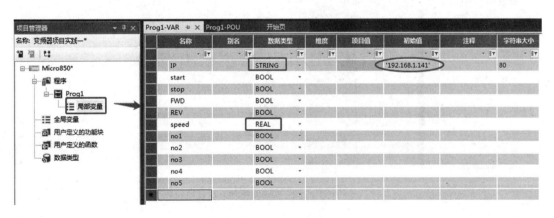

图 2-78　建立局部变量

⑨ 按照如图 2-79 的操作顺序，将变频器添加到项目管理器中；

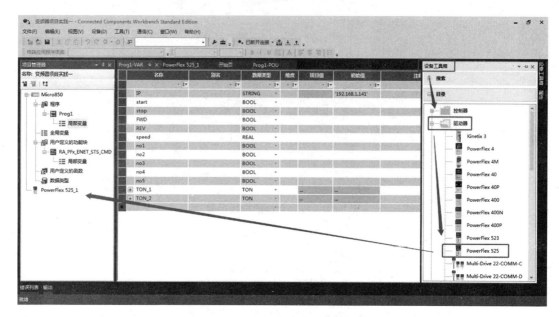

图 2-79　添加变频器

⑩ 双击图 2-80 中的 "Prog1"，开始输入如图 2-81 和图 2-82 所示的梯形图程序；注意：用户在建立梯形图程序的过程中一定要特别注意局部变量的选择和 Micro850 控制器的 I/O 口的选择；

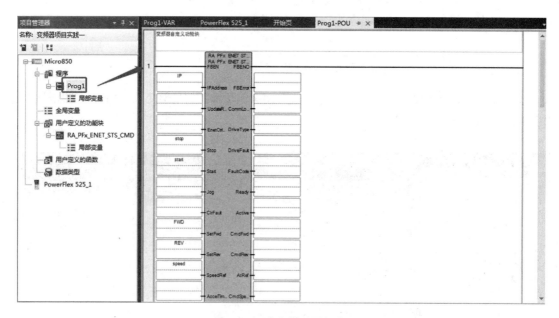

图 2-80　建立梯形图程序

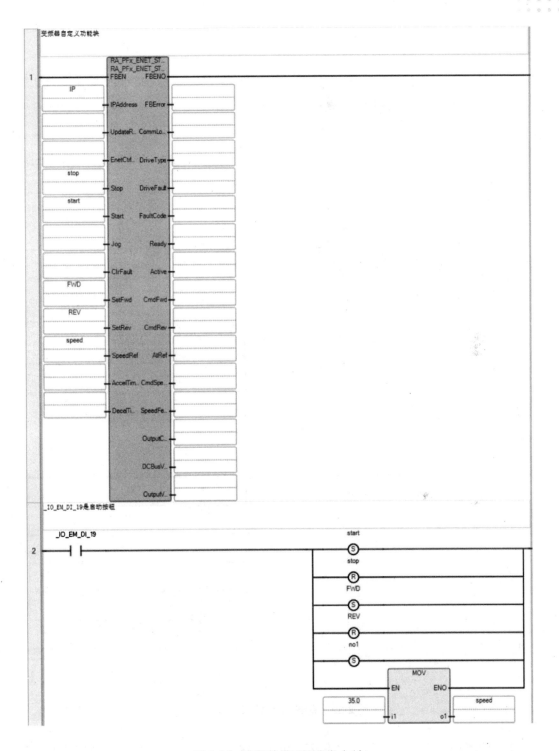

图 2-81　完整的梯形图程序（1）

66

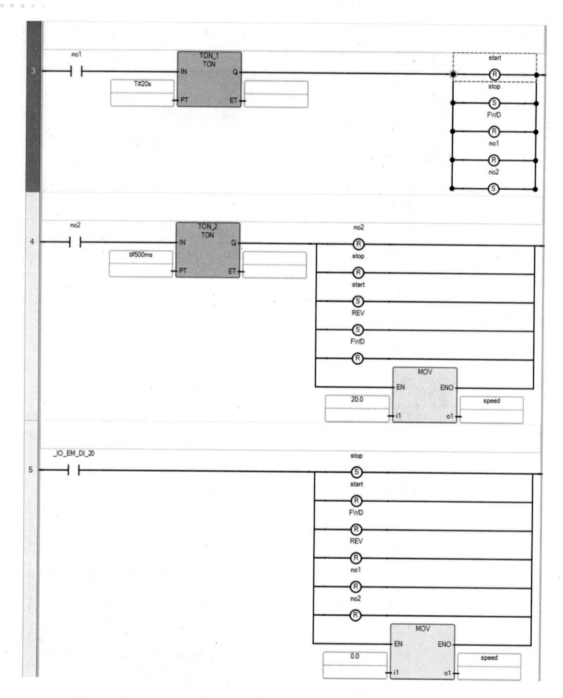

图 2-82　完整的梯形图程序（2）

⑪ 按照如图 2-83 所示的方法，"生成"（编译）梯形图程序，这个过程中，用户需要特别注意屏幕下方的提示信息。如果"生成"之后出现"错误"或者"警告"信息，则需要用户返回到梯形图程序设计界面进行修改，再进行"生成"操作，直到没有出现"错误"或者"警告"信息提示为止，如图 2-84 所示；

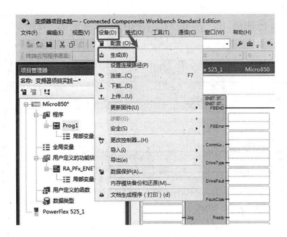

图 2-83　"生成"梯形图的方法

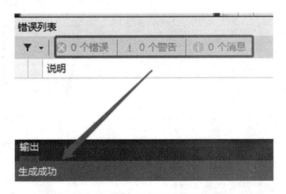

图 2-84　梯形图"生成"后提示信息

⑫ 将梯形图程序下载到 Micro850 控制器中。在图 2-85 中，点击下载按钮；

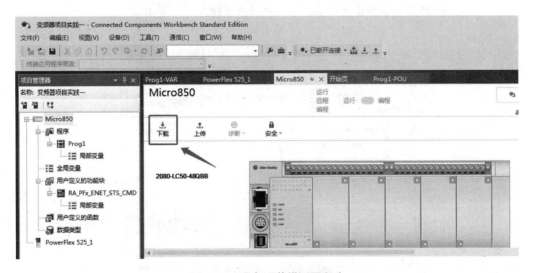

图 2-85　准备下载梯形图程序

⑬ 在图 2-86 所示的对话框中，选择 Micro850 控制器的 IP 地址后，按"确定"键；

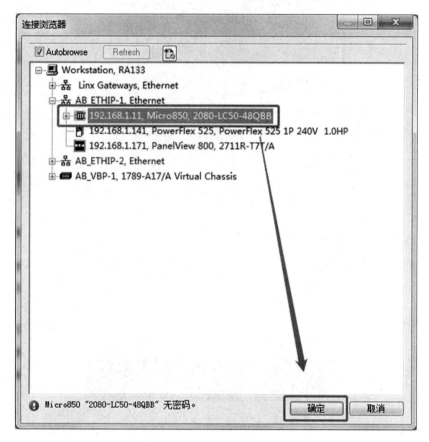

图 2-86　选择 Micro850 控制器的 IP 地址

⑭ 在图 2-87 所示的下载确认对话框中，选择"下载"；

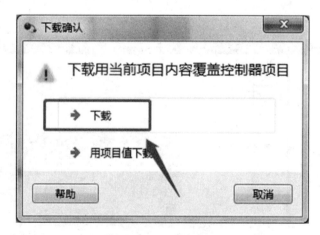

图 2-87　进行下载确认

图 2-88　变频器面板上的错误提示

⑮ 在随后的程序下载过程中，变频器面板上红色的"FAULT"指示灯会闪烁，提示用户需要清除变频器端的错误，如图 2-88 所示。此时用户只需要按下变频器面板上的""按钮即可清除错误，"FAULT"指示灯随之熄灭；

图 2-89　变频器驱动电动机正转

⑯ 按下启动按钮 SB1（即_IO_EM_DI_19 输入端子）、变频器及三相异步电动机就开始工作，电动机在 35Hz 频率下实现 20s 的正转，如图 2-89 所示，画面中的"FWD"表示变频器驱动电动机正转；

图 2-90　变频器驱动电动机反转

⑰ 当变频器驱动电动机正向转动 20s 之后，电动机改为反向转动，频率为 20Hz，如图 2-90 所示；

⑱ 按下停止按钮 SB2（即_IO_EM_DI_20 输入端子），电动机停止转动。说明：停止按钮可以在电动机工作的任意时刻被按下。

（3）分析与提高

本应用案例中，只进行了小功率三相异步电动机在低于工频交流电频率状态下的正反转控制。在实际的工程应用中，如果使用大功率（功率≥10kW）的三相异步电动机，则在启动过程中需要由低频开始，分成多个频段，将频率逐渐提高到正常的工作频率，否则启动过程对电网的冲击过大；如果三相异步电动机在高频高转速的情况下立即停车，则需要在停车的过程中采取必须的制动措施；如果三相异步电动机持续工作在高频状态下，则需要选择专用的变频三相异步电动机代替普通的三相异步电动机。

2.3.2 三相异步电动机多段速控制应用案例

在许多制造业和企业中生产中都离不开三相异步电动机，如生产线中传送带可由电动机拖动，而在生产加工时要求对物料能够进行可靠、迅速的停止，并在规定的位置进行加工，因此对电动机的速度要求可调。但生产线中由于传统电动机控制体积大、速度改变不灵活等缺点使得其控制存在不足。采用变频器和 PLC 的组合控制，能够弥补这一不足。本应用案例采用变频器与 PLC 组合来控制三相异步电动机的多段速运行。

 案例题目 ——— 三相异步电动机的多段速控制 ———

（1）控制要求

① 设置一个启动按钮 SB1 和一个停止按钮 SB2；

② 如图 2-91 所示，按下启动按钮 SB1 时，三相异步电动机以 10Hz 的频率正向启动，持续运行 10s；切换到 30Hz 运行 15s；切换到 50Hz 运行 10s；切换到 60Hz 运行 45s 后自动停止；

③ 在任意时刻，按下停止按钮 SB2 后，三相异步电动机均可停止转动。

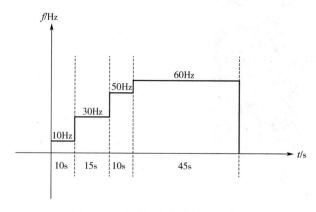

图 2-91 电动机多段速控制示意图

（2）案例实施步骤

① 按照如图 2-92 所示的要求连接线路；

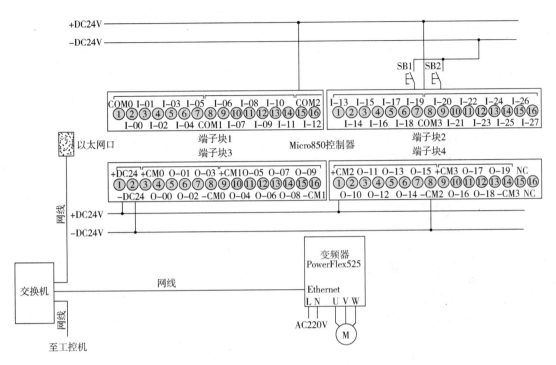

图 2-92　应用案例接线图

② 打开工控机上的 "RSLinx Classic" 软件，确认工控机、变频器以及 Micro850 控制器之间可以正常地进行以太网通信；其次，保证变频器的电源模块接线工作已经完成；

③ 打开工控机上的 CCW 软件，新建项目，建立如图 2-93 所示的局部变量，并为局部变量 "IP" 赋初始值 "192.168.1.141"（变频器的 IP 地址）；

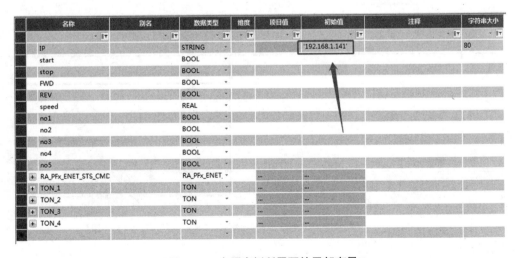

图 2-93　应用案例所需要的局部变量

④ 建立如图 2-94、图 2-95 及图 2-96 所示的梯形图程序，并进行"生成"操作，确认梯形图程序无"错误"或者"警告"提示；

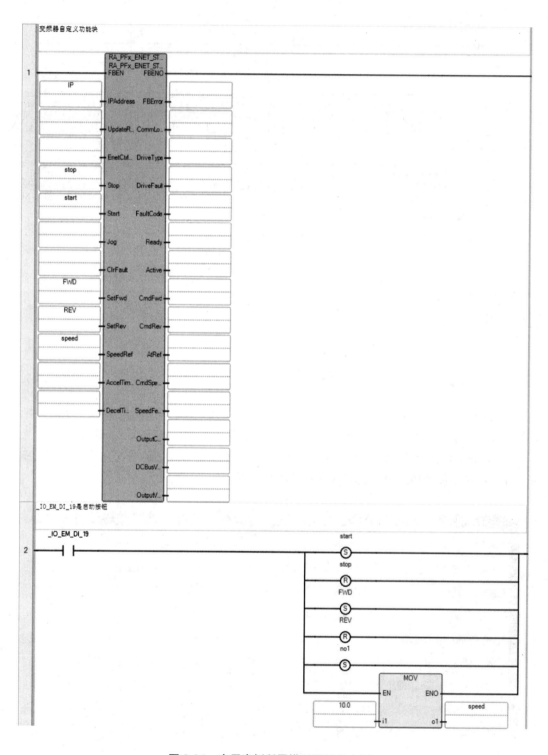

图 2-94　应用案例所需梯形图程序（1）

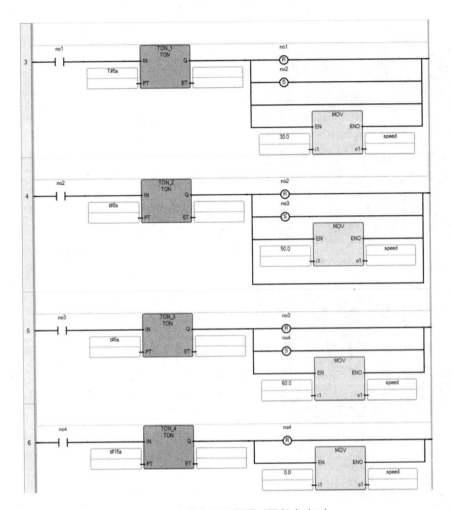

图 2-95　应用案例所需梯形图程序（2）

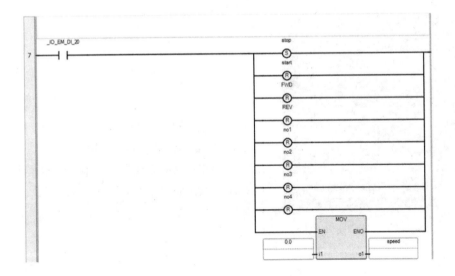

图 2-96　应用案例所需梯形图程序（3）

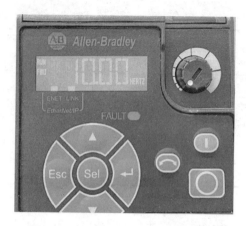

图 2-97　电动机以"10Hz"频率运行

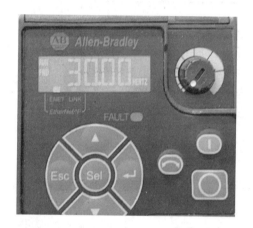

图 2-98　电动机以"30Hz"频率运行

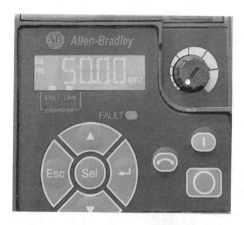

图 2-99　电动机以"50Hz"频率运行

⑤ 将程序下载到 Micro850 控制器中，按下启动按钮 SB1（即_IO_EM_DI_19 输入端子）之后，将目光转移到变频器的面板上，观察变频器面板上的频率显示信息，如图 2-97～图 2-100 所示；

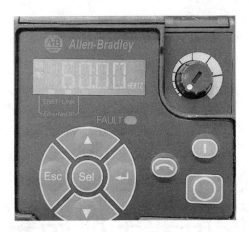

图 2-100　电动机以"60Hz"频率运行

⑥ 按下停止按钮 SB2（即_IO_EM_DI_20 输入端子），三相异步电动机停止运行，本应用案例到此结束。

（3）分析与提高

本应用案例，三相异步电动机是在正转状态下运行的，如果将转动方向改为反转，只需要对梯形图程序进行适当改动即可实现。同样，如果在工程实际应用过程中，选用大功率的变频三相异步电动机，并且该电动机的工作频率比较高，则应细化频率的上升节奏，以实现平滑调速的目的，延长三相异步电动机的使用寿命。

第 3 章

2711R-T7T
工业触摸屏典型应用案例

3.1 2711R-T7T 工业触摸屏概述

3.1.1 2711R-T7T 工业触摸屏简介

　　2711R-T7T 工业触摸屏是 PanelView800 系列图形终端中的一款典型产品，如图 3-1 所示，功能如表 3-1 所示。本书中将以 2711R-T7T 工业触摸屏为重点进行介绍。

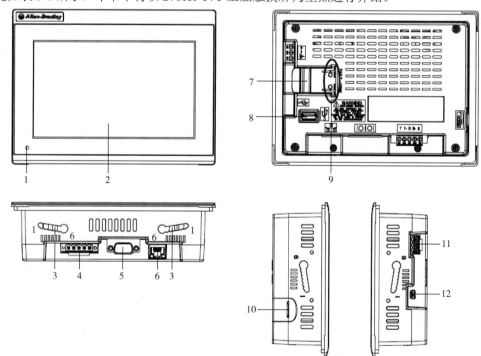

图 3-1　2711R-T7T 工业触摸屏

表 3-1　功能说明

序号	说明	序号	说明
1	电源状态 LED	7	可更换式实时时钟电池
2	触摸屏	8	USB 主机端口
3	安装槽	9	诊断状态指示灯
4	RS-422 和 RS-485 端口	10	MicroSD 卡槽
5	RS-232 端口	11	24V 直流电源输入
6	10/100　MBit Ethernet 端口	12	USB 设备端口（并非供客户使用）

3.1.2　USB 口和以太网端口说明

（1）关于 USB 端口

PanelView800 显示屏有一个 USB 设备端口，支持使用 TCP/IP 与显示屏通信。USB 设备端口仅用于维护目的，并非用于正常运行操作，USB 设备端口并非供客户使用。

（2）关于以太网端口

① PanelView800 显示屏具有一个以太网端口。以太网端口支持静态 IP 地址和通过动态主机配置协议（DHCP）分配的 IP 地址。如果使用静态 IP 地址，则需要手动设置 IP 地址、子网掩码和默认网关。如果使用 DHCP，则服务器自动分配 IP 地址、子网掩码、默认网关以及 DNS 和 WINS 服务器。

② 如果将终端设置为使用 DHCP，但终端未联网或网络中没有 DHCP 服务器（或服务器不可用），则终端将为自身自动分配一个私有 IP 地址（或自动 IP 地址）。自动 IP 地址的范围为 169.254.0.0 至 169.254.255.255。

③终端确保自动 IP 地址是唯一的，不同于网络中其他设备的自动 IP 地址。

3.2　2711R-T7T 工业触摸屏与工控机之间的通信

2711R-T7T 工业触摸屏（以下简称触摸屏）如果要实现与工控机之间的通信，必须设置它的 IP 地址，可以通过触摸的方式在触摸屏上手动设置它的 IP 地址、子网掩码及默认网关。

我们还可以通过另外一种途径来设置触摸屏的 IP 地址，即：通过工控机上的"BOOTP-DHCP Tool"软件来对它的 IP 地址进行设定，具体操作步骤为：

① 将工控机的 IP 地址设置为"自动获得 IP 地址"形式；

② 在触摸屏上，通过手动触摸的方式，将"IP Mode"修改为"DHCP"状态；

③ 记录下触摸屏上的 MAC ID 备用（本设备的 MAC ID 为 F4:54:33:4F:15:3E）；

④ 在工控机上启动"BOOTP-DHCP Tool"软件，启动完成之后，如图 3-2 所示；

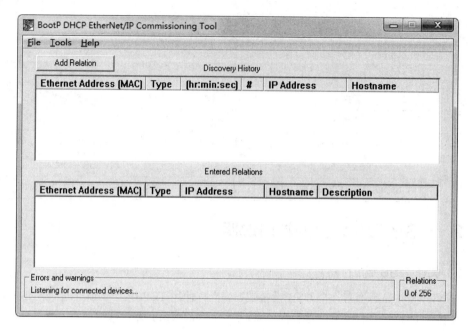

图 3-2　启动"BOOTP-DHCP Tool"软件界面

⑤ 此时，在图 3-2 的"Discovery History"窗口中，用户可以看到触摸屏上的 MAC ID 在滚动，如图 3-3 所示；

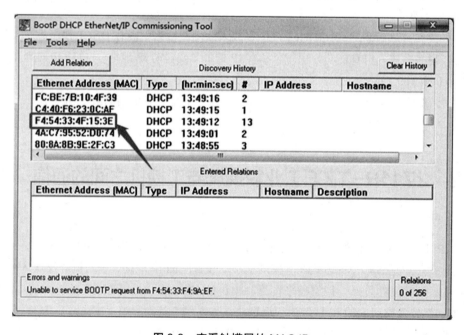

图 3-3　查看触摸屏的 MAC ID

⑥ 双击图 3-3 中触摸屏的 MAC ID，出现如图 3-4 所示的画面，在图 3-4 中，设置触摸屏的 IP 地址（192.168.1.171）；

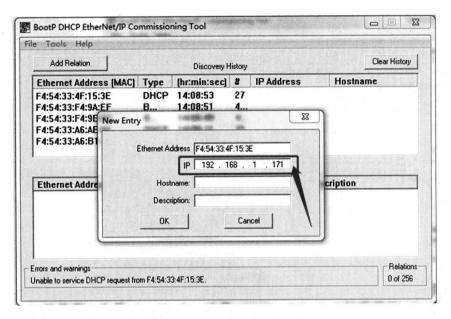

图 3-4　设置触摸屏的 IP 地址

⑦ 将工控机的 IP 地址修改为 "使用下面的 IP 地址" 形式,即 IP 地址为 192.168.1.201;子网掩码为 255.255.255.0;默认网关为 192.168.1.1;

⑧ 启动工控机的 "RSLinx Classic" 软件,启动成功之后,出现如图 3-5 所示的画面;

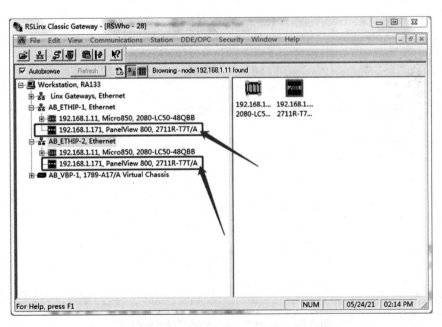

图 3-5　"RSLinx Classic" 软件启动成功界面

⑨ 在图 3-5 中 "箭头" 指向的位置,右击,选择 "Module Configuration",出现如图 3-6 所示的画面;

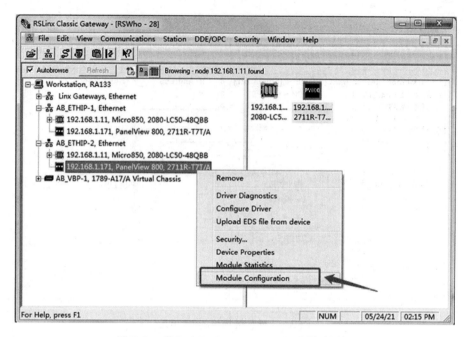

图 3-6 "Module Configuration" 设置对话框

⑩ 在图 3-6 中，点击 "Port Configuration" 标签，出现如图 3-7 所示的对话框；

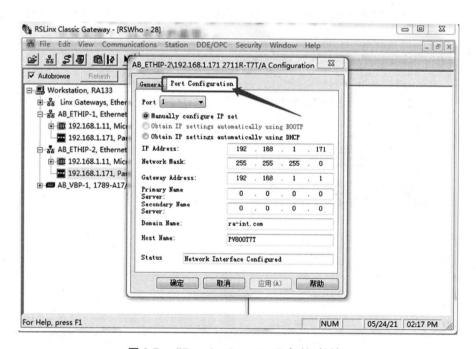

图 3-7 "Port Configuration" 标签对话框

⑪ 在图 3-7 中，按照图 3-8 所示的方法进行相关设置，设置完成后按 "确定" 键确认；

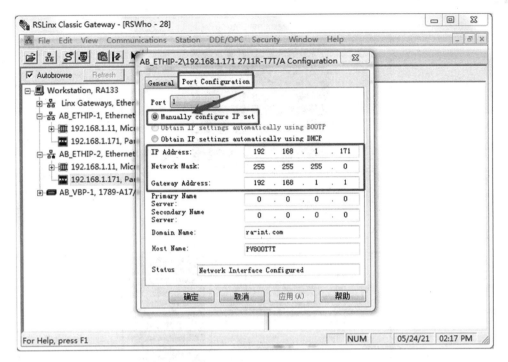

图 3-8　设置 IP 地址形式为"Manually configure IP set"

⑫ 在触摸屏上进行后续的设置，在如图 3-9 所示的主界面点击"Terminal Setting"按钮；

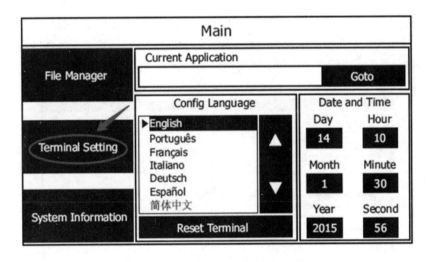

图 3-9　点击"Terminal Setting"按钮

⑬ 在图 3-10 中，点击"Communication"按钮；

⑭ 在图 3-11 中，点击"Disable DHCP"按钮，之后"Status"就显示为"Unavailable"，全部修改完成之后，返回到主界面；

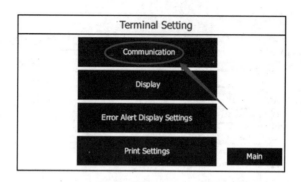

图 3-10　点击"Communication"按钮

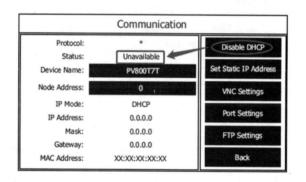

图 3-11　将"Status"修改为"Unavailable"

　　⑮ 到目前为止，已经完成了触摸屏的 IP 地址设置工作，工控机上"RSLinx Classic"软件中如图 3-12 所示的状态表明：工控机已经实现了与 Micro850 控制器、变频器以及触摸屏之间的以太网通信，具备了进行综合应用案例的通信条件。

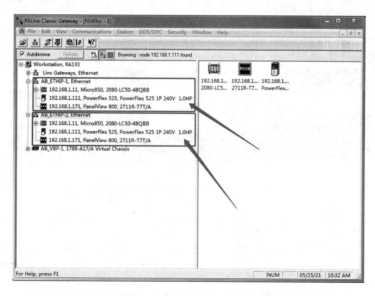

图 3-12　工控机与 Micro850 控制器、变频器及触摸屏组态成功

3.3　在 CCW 下配置触摸屏

① 启动工控机中的 "CCW" 软件，如图 3-13 所示；

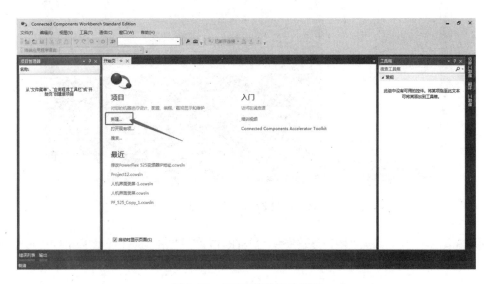

图 3-13　CCW 软件启动界面

② 在图 3-13 中，点击 "新建"，出现如图 3-14 所示画面，输入文件名字之后，点击 "创建"，出现如图 3-15 所示画面；

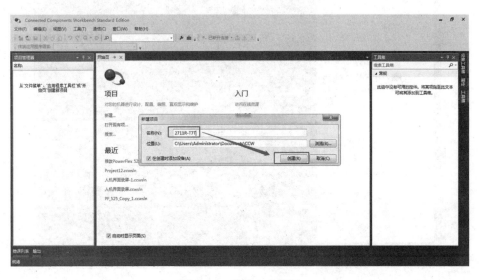

图 3-14　创建一个项目

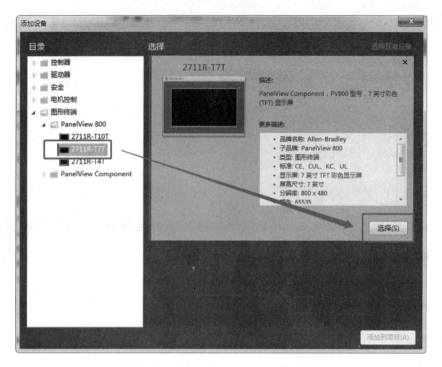

图 3-15 添加 2711R-T7T 工业触摸屏

③ 在图 3-15 中，添加"图形终端"→"2711R-T7T"，点击"选择"，之后出现如图 3-16 所示画面；

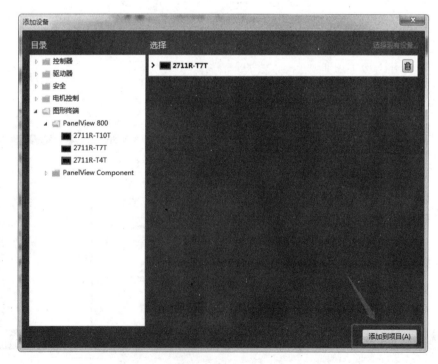

图 3-16 成功添加 2711R-T7T 工业触摸屏

④ 在图 3-16 中，点击"添加到项目"，出现如图 3-17 所示画面；

图 3-17　"PV800_App1*"已加入 CCW 软件

⑤ 双击图 3-17 中的"PV800_App1*"，出现如图 3-18 所示画面，点击"横向"之后，点击"确定"，出现如图 3-19 所示画面；

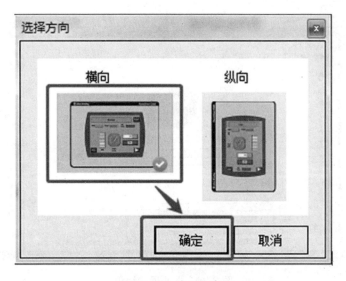

图 3-18　选择方向

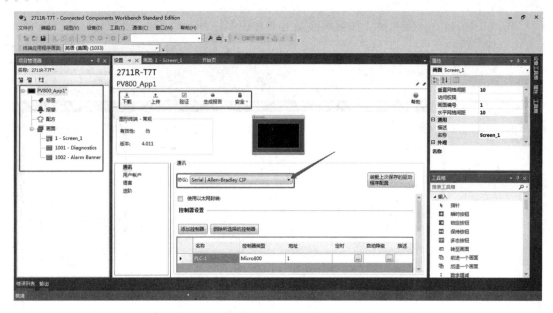

图 3-19　完成 2711R-T7T 项目建立工作

⑥ 在图 3-19 中，点击"协议"后的下拉菜单，选取"Ethernet"下的"Allen-Bradley CIP"协议，如图 3-20 所示；

注意：此处一定不要选错了通信协议，如果选错会导致触摸屏程序无法通讯到 Micro850 控制器，使触摸屏上总会显示出错信息。

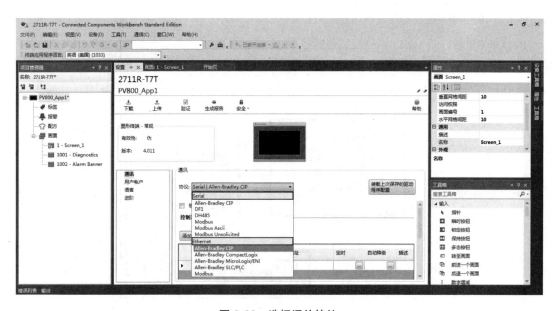

图 3-20　选择通信协议

⑦ 按照图 3-21 的要求，在地址栏内填写 IP 地址 192.168.1.11，这里的 IP 地址是 Micro850 控制器的地址，而不是触摸屏的 IP 地址；

注意： 当把 Micro850 控制器的 IP 地址输入完成之后，一定要按下"回车键"，否则这个 IP 地址是无效的。

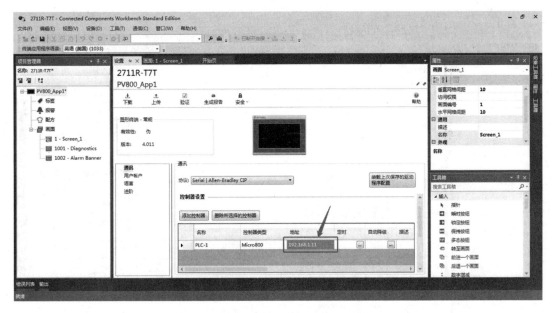

图 3-21　添加 Micro850 控制器的 IP 地址

⑧ 按照如图 3-22 的要求，建立"button1""button2""button3"三个全局变量，变量的数据类型为"BOOL"型，点击"确定"按钮进行确认；

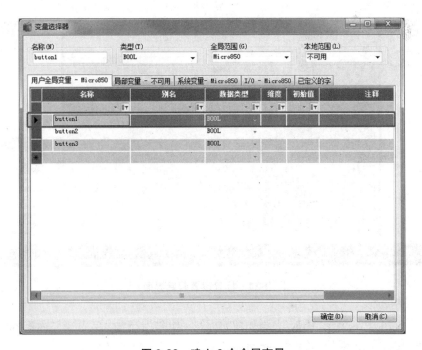

图 3-22　建立 3 个全局变量

⑨ 双击图 3-23 中的"标签"，开始进行 2711R-T7T 的"标签"设置，此时出现如图 3-24 所示画面；

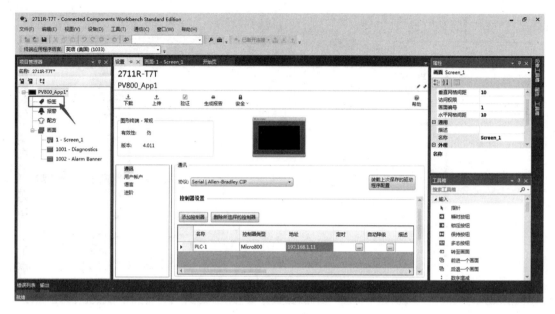

图 3-23　设置标签

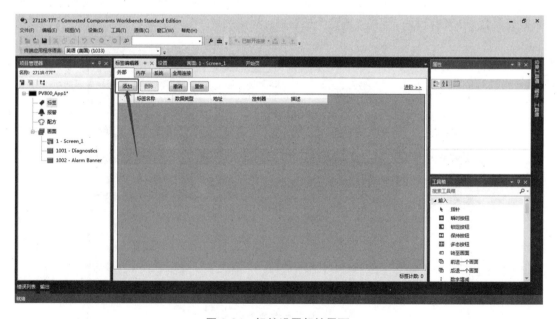

图 3-24　标签设置起始界面

⑩ 在图 3-24 中，点击"添加"，添加新的标签，如图 3-25 所示，其中"标签名称"和"数据类型"可更改，添加新的标签时，起始标签名称默认为"TAG0001"；

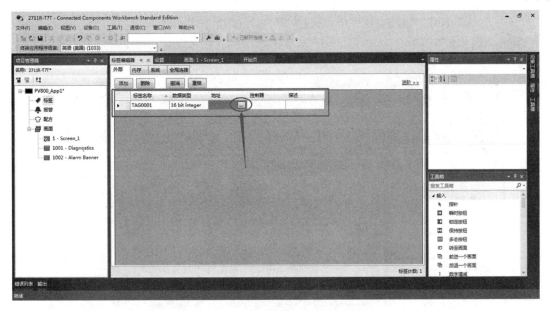

图 3-25　添加新标签操作界面

⑪ 在图 3-25 中，点击"地址"栏中的" ▢▢ "图标，弹出"变量选择器"，如图 3-26 所示，选取想要关联的变量。图中"局部变量"不可用，只能选择"用户全局变量-Micro850"标签；

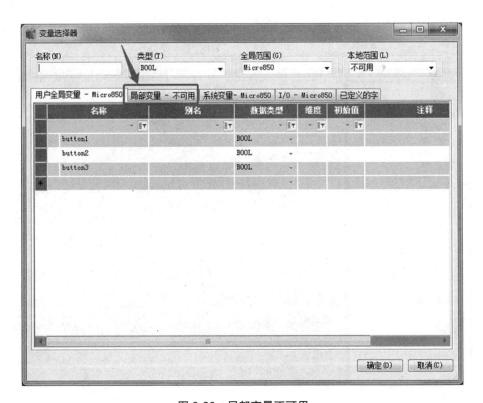

图 3-26　局部变量不可用

⑫ 将标签名称"TAG0001"的地址设置为"button1"，控制器选择为"PLC-1"，如图 3-27、图 3-28 和图 3-29 所示；

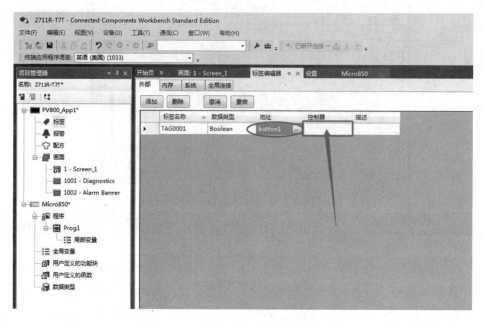

图 3-27　地址选择

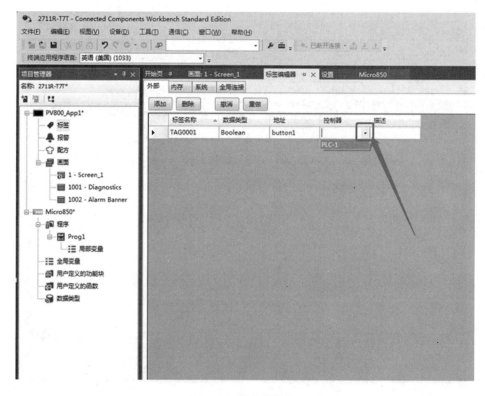

图 3-28　控制器选择

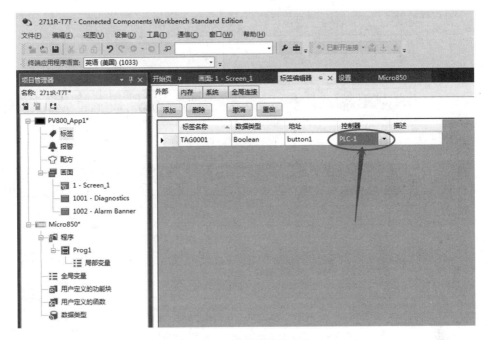

图 3-29　控制器选择完毕

⑬ 截止到目前，我们已经基本完成了在 CCW 下配置触摸屏的前期工作。当然，对于触摸屏的配置，还有许多工作要做，将通过后续的应用案例进行详细的学习。

3.4　触摸屏应用案例与分析

3.4.1　通过触摸屏实现三相异步电动机的启动与停止应用案例

> **案例题目**　通过触摸屏上的"启动"和"停止"按钮，实现对三相异步电动机的启动与停止控制
>
> （说明：此应用案例用连接到Micro850控制器"0-11"输出端口的指示灯（HL1）的亮和灭来模拟三相异步电动机的运行与停止，亮——三相异步电动机运行；灭——三相异步电动机停止）

（1）案例实施步骤

由于本案例是关于触摸屏应用的第一个应用案例，所以在进行本应用案例设计过程中，做得非常细致，读者可以按照如下的步骤进行学习和训练。

① 按照如图 3-30 所示的要求进行线路安装；

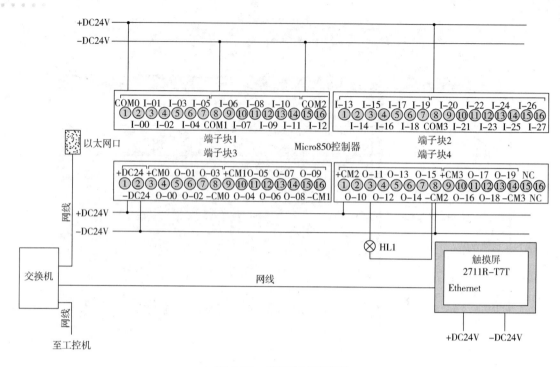

图 3-30　应用案例接线图

②　在开始进行本应用案例之前，用户需要首先打开工控机上的"RSlinx Classic"软件，确认工控机、Micro850 控制器及触摸屏之间能否实现正常的通信，如图 3-31 所示的画面表示，已经实现了三者之间的正常通信。如果这项准备工作没有完成，请用户务必首先完成此项工作，才能进行后续的操作；

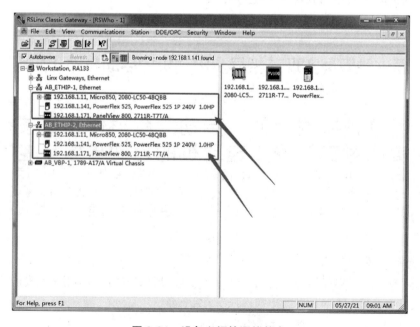

图 3-31　设备之间的通信状态

③ 在工控机上双击"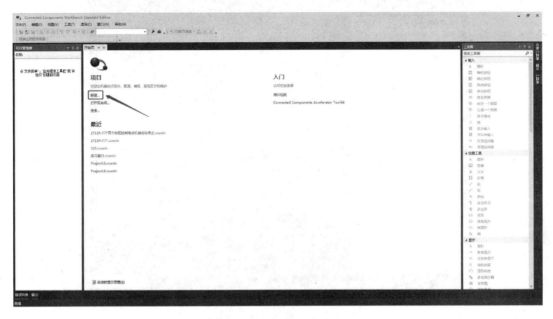"快捷方式,打开 CCW 软件,如图 3-32 所示,点击图中的

"新建";

图 3-32　CCW 软件启动界面

④ 输入要创建的项目名称之后,点击"创建",如图 3-33 所示;

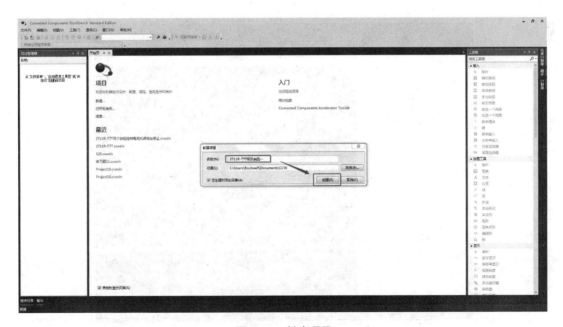

图 3-33　创建项目

⑤ 按图 3-34 所示的顺序，选择 Micro850 控制器的型号（2080-LC50-48QBB），之后点击"选择"按钮；

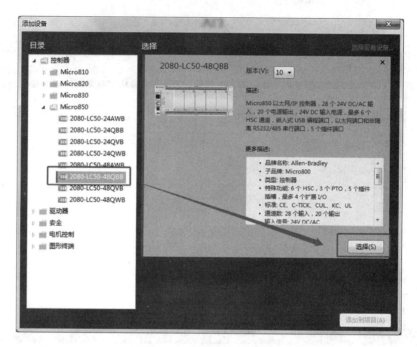

图 3-34　选择控制器型号

⑥ 在图 3-35 中，点击"添加到项目"按钮；

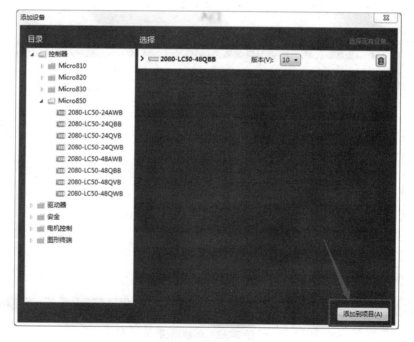

图 3-35　添加到项目

⑦ 在图 3-36 中点击"程序";

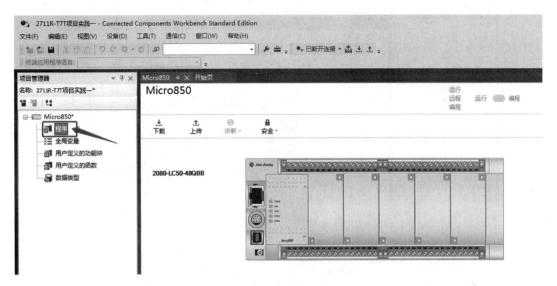

图 3-36　选择"程序"

⑧ 在图 3-37 中,右击"程序",依次选择"添加"→"新建 LD:梯形图";

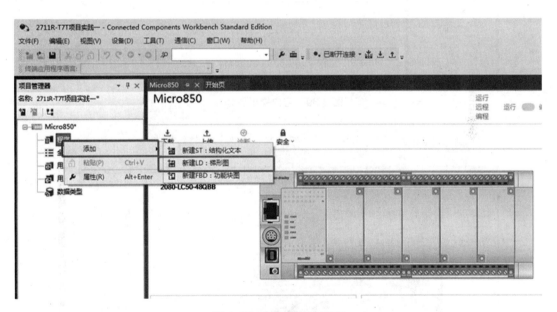

图 3-37　添加梯形图程序

⑨ 在图 3-38 中,双击"Prog1"后,出现如图 3-39 所示的画面;

⑩ 在图 3-39 中,双击"全局变量",并通过拉动滑块,将全局变量滑动到最底部,并按照图中的做法,输入第一个全局变量"A",如图 3-40 所示;

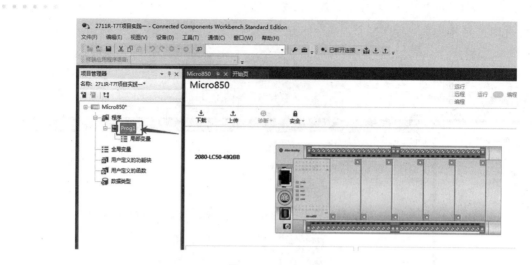

图 3-38　打开梯形图程序

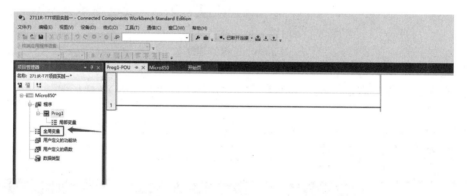

图 3-39　空白梯形图程序

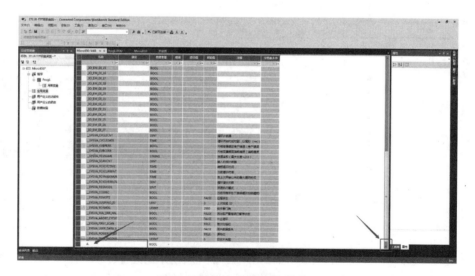

图 3-40　建立全局变量"A"

⑪ 建立全局变量"B"，如图 3-41 所示；

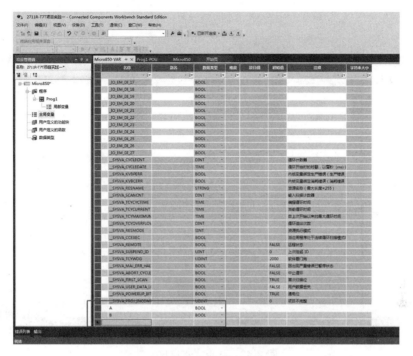

图 3-41　建立全局变量"B"

⑫ 在图 3-42 中，双击"Prog1"，打开梯形图程序，准备编写梯形图程序；

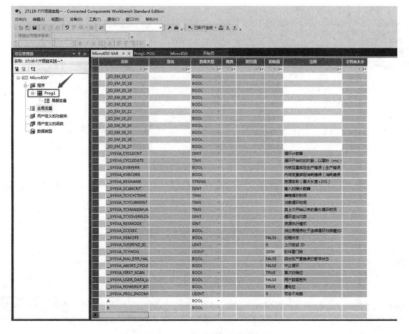

图 3-42　打开梯形图程序

⑬ 在如图 3-43 所示的"工具箱"中，选择"直接接触"，并把它拖曳到梯形图程序中第一个梯级的左侧位置；

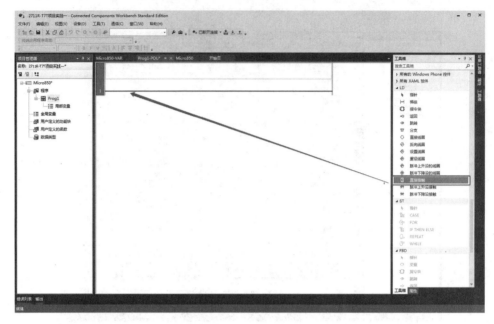

图 3-43　拖曳"直接接触"

⑭ 在变量选择器的"用户全局变量-Micro850"标签中，选择全局变量"A"后，按"确定"键确认，如图 3-44 所示；

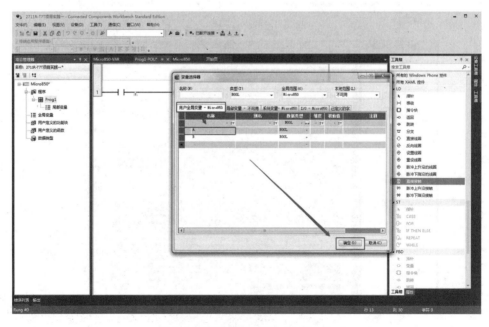

图 3-44　选择全局变量"A"（1）

⑮ 重复步骤⑭，建立如图 3-45 所示的梯形图程序；

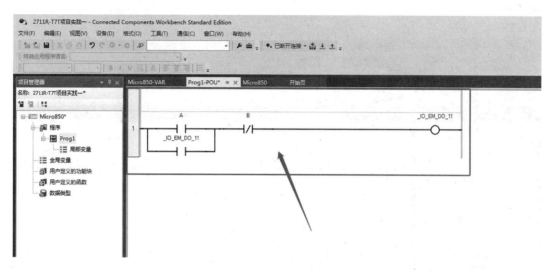

图 3-45　梯形图程序

⑯ 点击如图 3-46 所示的"设备工具箱"；

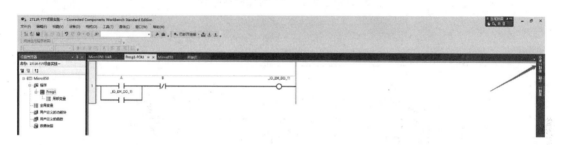

图 3-46　选择"设备工具箱"

⑰ 将图 3-47 中，"图形终端"→"PanelView800"→"2711R-T7T"拖曳到项目管理器位置；

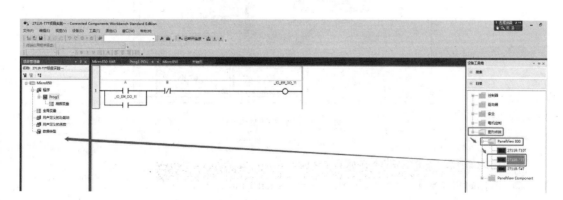

图 3-47　建立触摸屏项目

⑱ 双击如图 3-48 所示的项目管理器中的"PV800_App1"，出现如图 3-49 所示的屏幕方向选择画面；

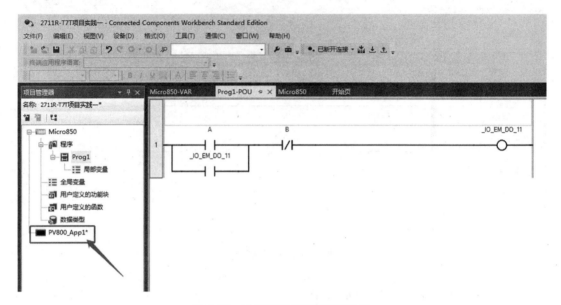

图 3-48　准备开始进行触摸屏设置

⑲ 在图 3-49 中，选择"横向"之后点击"确定"；

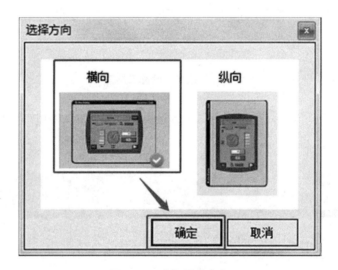

图 3-49　选择屏幕方向

⑳ 点击如图 3-50 所示的下拉式箭头；

㉑ 选择如图 3-51 所示的"Ethernet"→"Allen-Bradley CIP"协议；

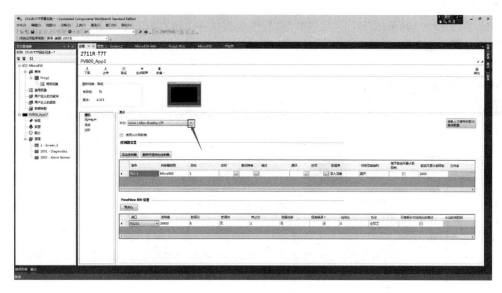

图 3-50　选择协议

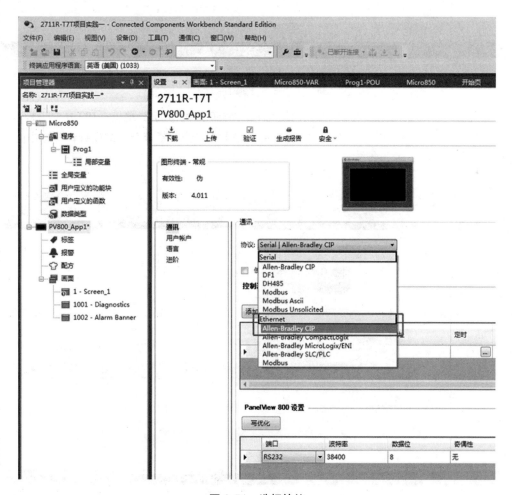

图 3-51　选择协议

㉒ 在如图 3-52 所示的界面中，在"名称"位置选择"PLC-1"，并且在"地址"栏内输入 Micro850 控制器的 IP 地址；

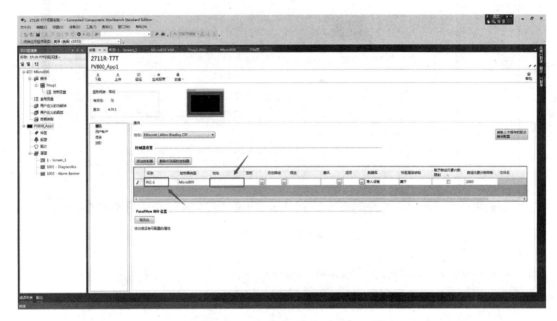

图 3-52　对控制器进行设置

㉓ 在如图 3-53 所示的"地址"栏内填写 Micro850 控制器的 IP 地址：192.168.1.11，输入完成后必须按下"回车"键进行确认，否则输入的 IP 地址无效。紧接着双击项目管理器中的"标签"，出现如图 3-54 所示的画面；

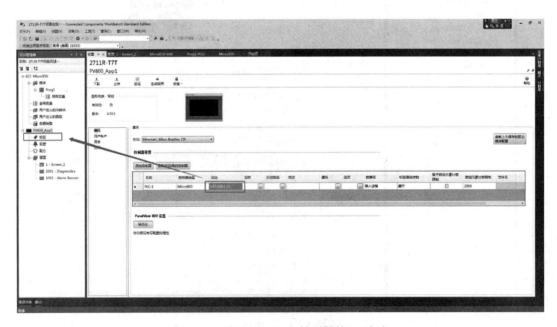

图 3-53　输入 Micro850 控制器的 IP 地址

㉔ 在如图 3-54 所示的标签管理器操作界面中，点击"添加"按钮；

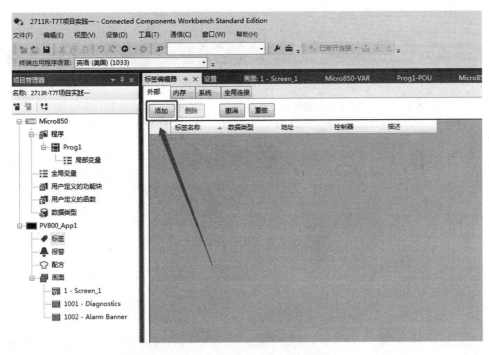

图 3-54　标签管理器界面

㉕ 添加的标签名称默认为"TAG0001"开头，为了方便记忆，用户可以根据需要，自行修改标签名称，如图 3-55 所示；

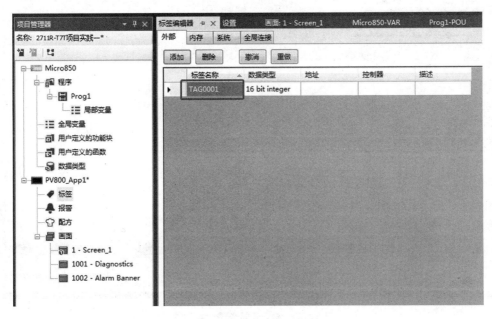

图 3-55　添加的第一个标签

㉖ 将一个标签名称修改为"START"后，点击"地址"栏中的" 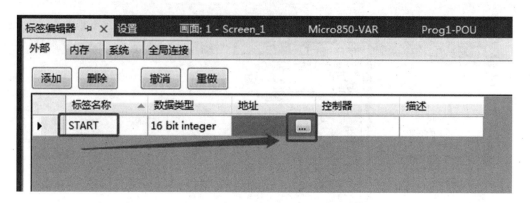 "图标，可以修改第一个标签所对应的全局变量，如图 3-56 所示；

图 3-56　修改标签名称与变量

㉗ 将标签名称"START"与"用户全局变量-Mircro850"中的"A"进行关联，如图 3-57 所示；

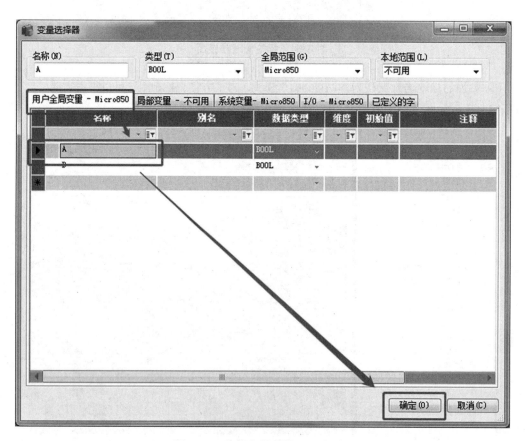

图 3-57　选择全局变量"A"（2）

㉘ 按照如图 3-58 所示的操作方法来选择控制器；

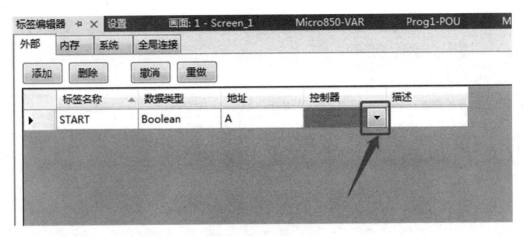

图 3-58　选择控制器

㉙ 在如图 3-59 所示的位置，选择控制器为"PLC-1"，控制器选择完成之后，如图 3-60
所示；

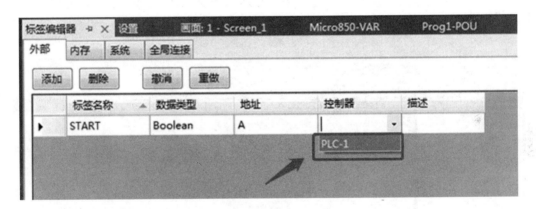

图 3-59　选择控制器为"PLC-1"

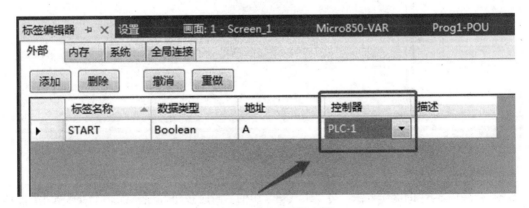

图 3-60　成功选择控制器

㉚ 重复步骤㉘，按照图 3-61 的要求，完成"STOP"标签的设置工作；

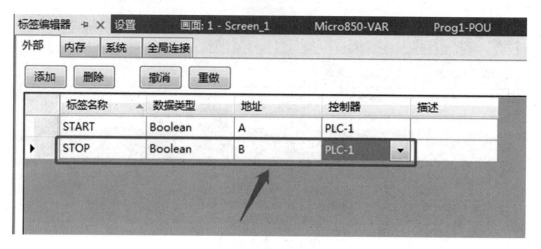

图 3-61　设置"STOP"标签

㉛ 双击如图 3-62 所示的项目管理器中的"1-Screen_1"，在管理器右侧出现的红色框，就是对"1-Screen_1"操作的有效区域，不可以在红色框外进行操作，否则这些操作将无法在触摸屏上进行显示；

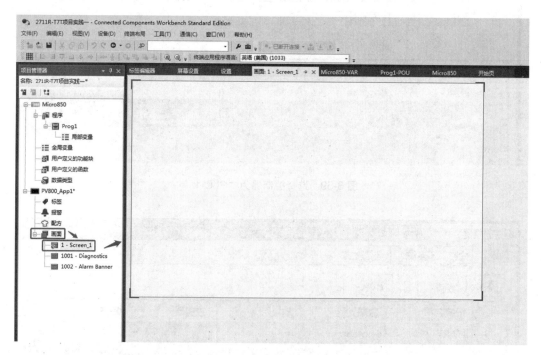

图 3-62　建立"1-Screen_1"操作界面

㉜ 按照图 3-63 的操作方法，将"工具箱"中的"瞬时按钮"，拖曳到"1-Screen_1"操作界面中的适当位置；

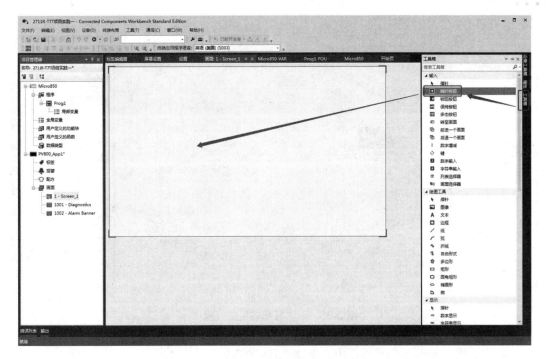

图 3-63　拖曳"瞬时按钮"

㉝　在如图 3-64 所示的"瞬时按钮"上右击，选择"属性"；

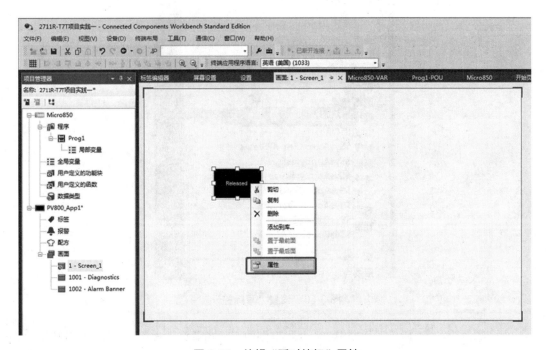

图 3-64　编辑"瞬时按钮"属性

㉞　在如图 3-65 所示的属性对话框中，点击"写标签"右侧的下拉式箭头"▼"；

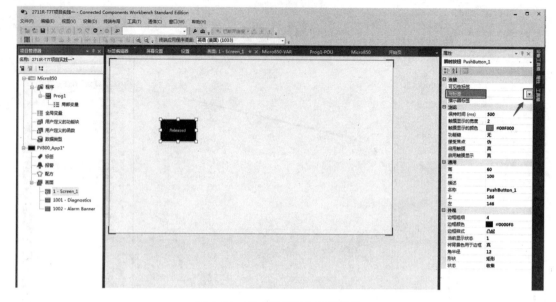

图 3-65　对"写标签"进行操作

㉟ 在如图 3-66 所示的对话框中，选择"START"；

图 3-66　设置"写标签"

㊱ 点击如图 3-67 所示对话框中"形状"右侧的下拉式箭头"▼"，修改"瞬时按钮"的形状；

㊲ 拖曳如图 3-68 所示的"瞬时按钮"周围的控制点，可以修改"1-Screen_1"操作界面中"瞬时按钮"的大小；

图 3-67　修改"瞬时按钮"的"形状"

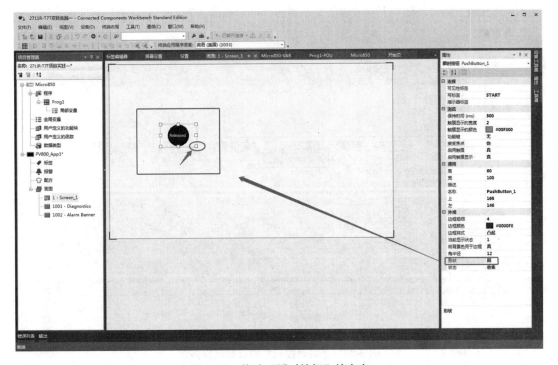

图 3-68　修改"瞬时按钮"的大小

⑧ 修改了大小之后的"瞬时按钮"如图 3-69 所示；

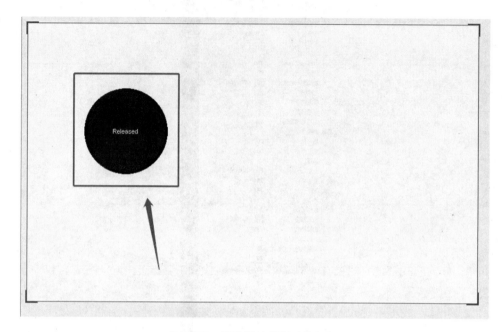

图 3-69　修改后的"瞬时按钮"

㊈ 双击图 3-69 中的"瞬时按钮"，出现如图 3-70 所示的操作界面，图中数值列中的"0"和"1"是用来表示触摸屏中的按钮没有被按下和已经被按下这 2 种状态；可以双击对应的标题文本，来修改"瞬时按钮"上要显示的文本内容；可以在图 3-70 中"背景色"的位置来修改对应的背景色；

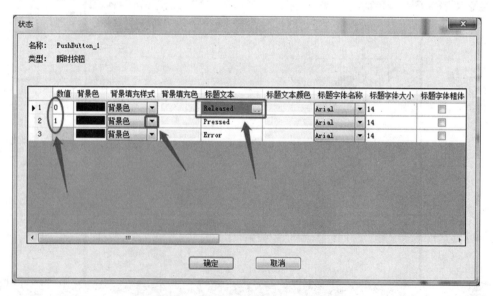

图 3-70　"瞬时按钮"的状态设置界面

㊵ 按照图 3-71 的操作要求，分别将"标题文本"修改成"启动"及"已启动"；将"已启动"的背景色修改成"绿色"。在这个操作界面中，用户还可以根据自己的需要修改标题字体的大小等多个操作；

说明：

① 数值为"0"所在的这一行数据的含义是：当触摸屏上的"瞬时按钮"没有被按下的时候，按钮上的文字显示为"启动"，按钮上的颜色显示为"蓝色"；

② 数值为"1"所在的这一行数据的含义是：当触摸屏上的按钮被按下的时候，按钮上的文字显示为"已启动"，同时，按钮的颜色切换成"绿色"。

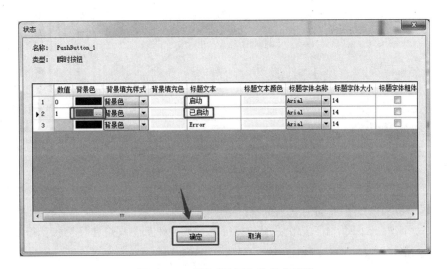

图 3-71　"瞬时按钮"的状态设置

㊶ 图 3-72 就是已经设置好的第一个"瞬时按钮"；

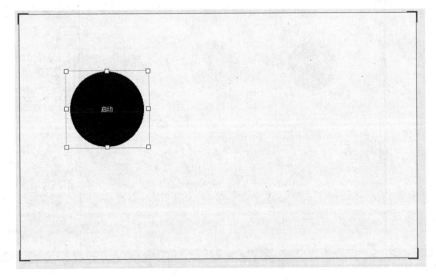

图 3-72　第一个"瞬时按钮"设置完毕

㊷ 重复步骤㉜～步骤㊶，完成第二个"瞬时按钮"的设置，如图 3-73 所示；

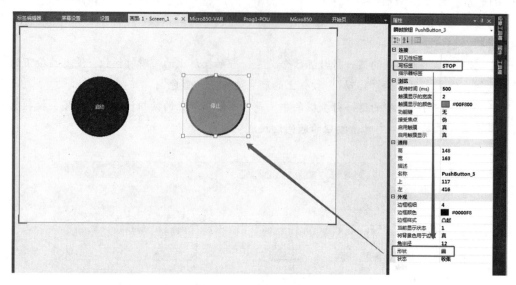

图 3-73　进行第二个"瞬时按钮"的设置

㊸ 按照如图 3-74 所示的操作方法，将"工具箱"→"进阶"→"转至终端设置"按钮，拖曳到"1-Screen_1"操作界面的适当位置；

说明：每个"1-Screen_1"操作界面都必须有一个"转至终端设置"按钮，否则，在下载的过程中，会出现"警告"的提示。

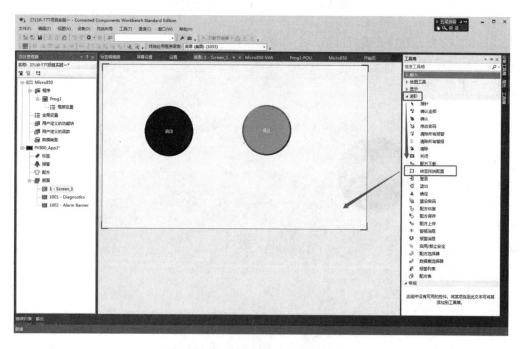

图 3-74　拖曳"转至终端设置"按钮

㊹ 双击图 3-75 中的"转至终端设置（Goto Config）"按钮，编辑该按钮的属性；

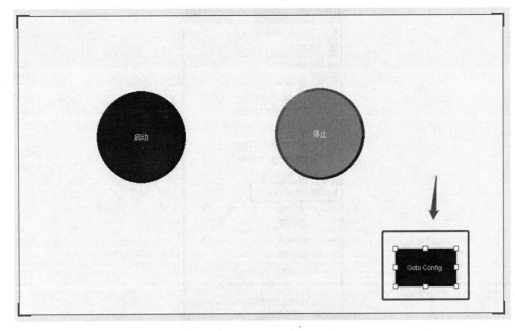

图 3-75　放置"转至终端设置"按钮后的界面

㊺ 将"转至终端设置"按钮的标题文本修改为"转到主菜单"，用户也可以根据自己的需要，修改按钮的颜色、文本字体的大小等状态，如图 3-76 所示；

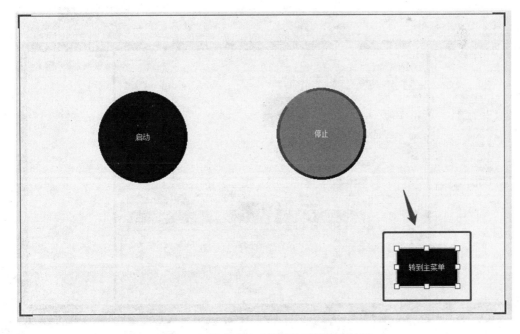

图 3-76　修改后的"转至终端设置"按钮

㊻ 双击如图 3-77 所示项目管理器中的"PV800_App1",出现如图 3-78 所示的界面;

图 3-77 对"PV800_App1"进行操作

㊼ 在图 3-78 中,点击"下载"按钮;

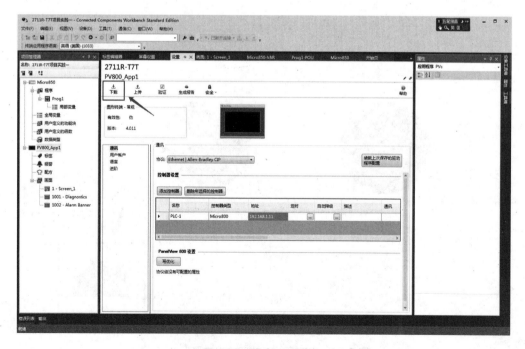

图 3-78 准备"下载"

㊽ 执行"下载"程序之前，要首先验证程序是否存在问题。如果图 3-79 所示的对话框中有"错误"或者"警告"等方面的提示，此时，用户需要终止程序"下载"操作，返回修改程序，直到图 3-79 所示的对话框中没有"错误"和"警告"方面的提示，才能进行程序的下载操作；

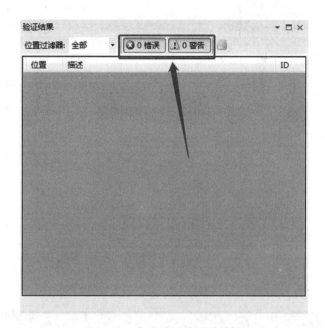

图 3-79　程序验证结果对话框

㊾ 在图 3-80 中，根据 IP 地址（192.168.1.171），选择即将要下载程序的触摸屏，然后点击"确定"；

图 3-80　选择要下载程序的触摸屏

(50) 在图 3-81 的左下角，可以查到程序的下载进度，直到出现“应用程序已成功下载”提示信息，表明程序已经完全下载到触摸屏中了；

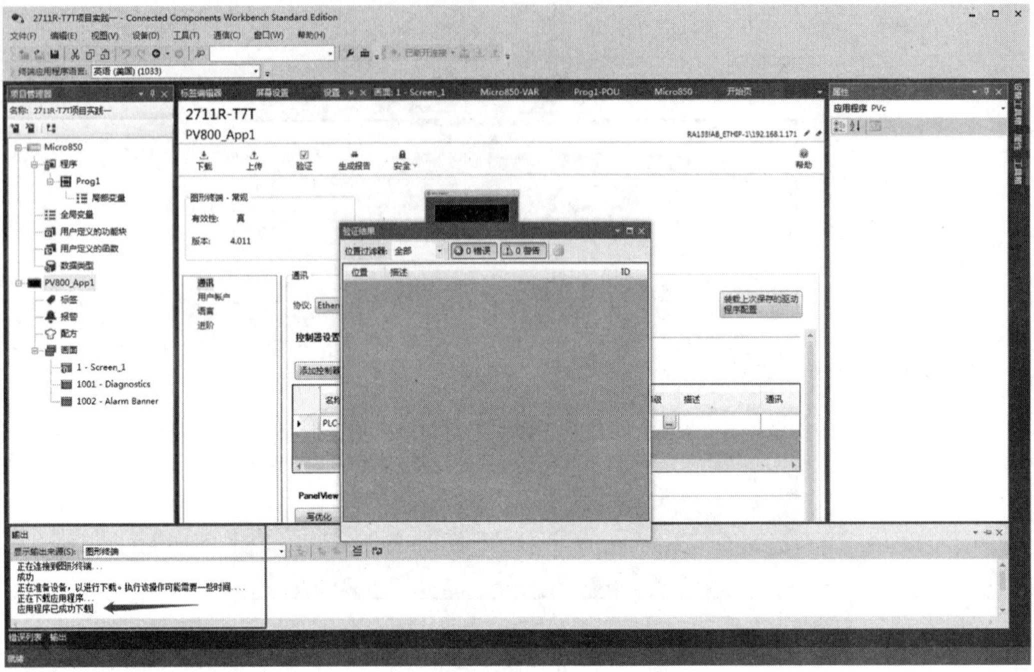

图 3-81　程序下载进度指示

(51) 将梯形图程序下载至 Micro850 控制器中，并让 Micro850 控制器执行梯形图程序；在如图 3-82 所示的触摸屏屏幕上，用手触摸“文件管理器”图标，出现如图 3-83 所示的操作画面；

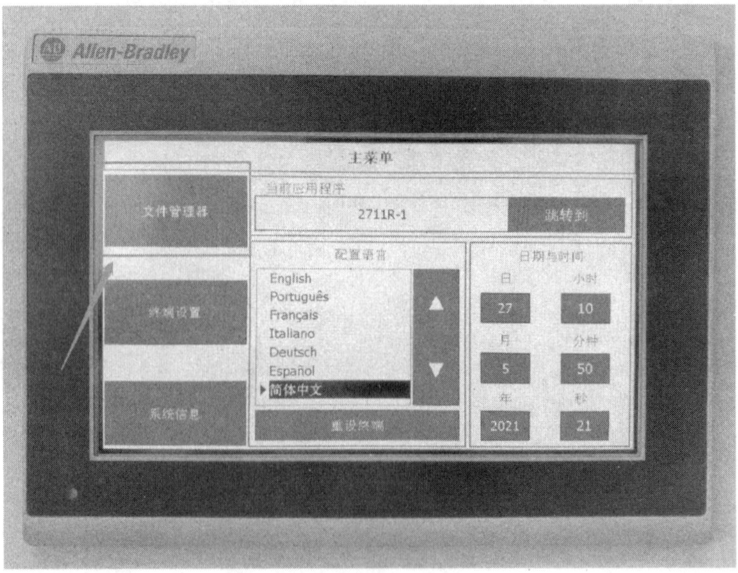

图 3-82　触摸屏操作界面

(52) 在图 3-83 中，通过触摸屏幕上的“ ”按钮，选择要被触摸屏执行的应用程序。选择好本案例的应用程序（2711R-1）后，触摸屏幕上的“运行”按钮，即可执行 2711R-1 这个应用程序；

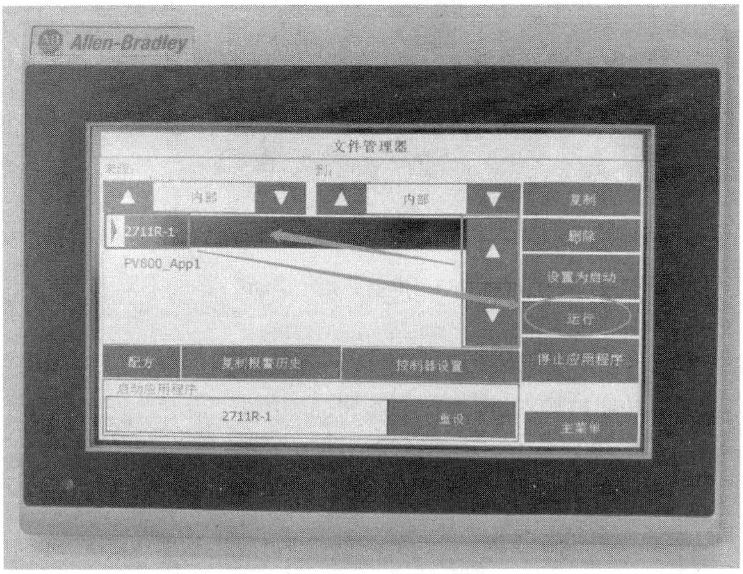

图 3-83　选择应用程序

(53) 运行应用程序后，屏幕上出现如图 3-84 所示的画面；

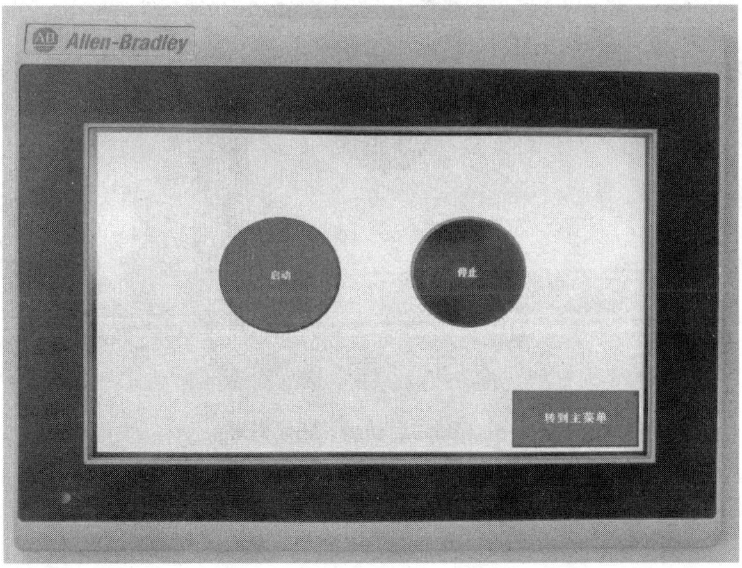

图 3-84　执行应用程序后的画面

(54) 触摸如图 3-85 所示画面中的“启动”按钮的同时，观察“O-11”指示灯的状态；

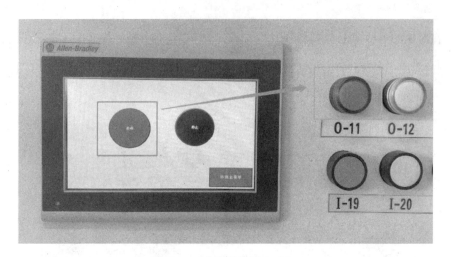

图 3-85　准备开始"启动"

⑤⑤ 当我们按触摸屏上的"启动"按钮之后，"O-11"指示灯亮，表明三相异步电动机已经开始运行，在"启动"按钮被按下的同时，该按钮的颜色由"蓝色"切换成"绿色"，按钮上的文本提示信息也由"启动"切换为"已启动"，如图 3-86 所示；

说明：由于我们在进行触摸屏应用程序设计时，"启动"按钮选择的是"瞬时按钮"，所以"启动"按钮上的文字提示信息和颜色的切换只能保留很短的时间，时间到了之后又恢复成默认的设置。

图 3-86　启动后，指示灯亮

⑤⑥ 当我们按下触摸屏上的"停止"按钮之后，"O-11"指示灯熄灭，表明三相异步电动机停止运行。同时，停止按钮的文字提示信息由"停止"切换成"已停止"，按钮的颜色也切换成"红色"，如图 3-87 所示；

说明：由于我们在进行触摸屏应用程序设计时，"停止"按钮选择的是"瞬时按钮"，所以"停止"按钮上的文字提示信息和颜色的切换只能保留很短的时间，时间到了之后又恢复成默认的设置。

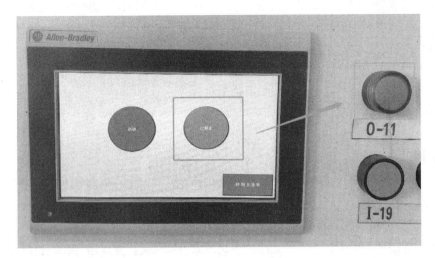

图 3-87　停止后，指示灯灭

㊼ 本应用案例至此结束。

（2）分析与提高

本应用案例，三相异步电动机的工作状态是由指示灯的亮或灭来模拟的，在实际的工程应用中，可以将接在指示灯的 2 根导线拆卸下来，再连接到交流接触器的线圈上，通过控制交流接触器线圈的通电与断电，即可用触摸屏来实现三相异步电动机的启动与停止控制。同时，如果三相异步电动机在运行过程中需要进行调速控制，则整个控制系统中，还需要引入变频器，以实现对三相异步电动机的变频调速控制。

3.4.2　用触摸屏实现交通信号灯控制系统应用案例

案例题目 ——用触摸屏实现交通信号灯系统的控制——

3.4.2.1　控制要求

（1）程序设计要求

① 为了保证交通信号灯路口的通行安全，要求整个控制系统开始工作时，东、西、南、北四个方向的红灯均处于点亮状态，持续时间是 5s；

② 东、西方向的红灯点亮 20s。在这个 20s 时间段内，南、北方向的绿灯点亮，持续时间为 16s，当 16s 的定时时间到了之后，南、北方向绿灯闪烁 4 次，时间间隔是 500ms，紧接着这个绿灯熄灭。之后南、北方向的黄灯点亮，持续时间是 2s；

③ 切换到相反方向，四个方向的信号灯按照上述的要求循环工作。

（2）触摸屏设计要求

① 屏幕上设置一个启动按钮（圆形、绿色）和一个停止按钮（圆形、红色）；

② 屏幕上设置 4 个显示时间倒计时的窗口，分别用来显示东西方向红灯、东西方向绿灯、南北方向红灯和南北方向绿灯工作过程中的倒计时时间（单位：秒）；

③ 屏幕上设置一个"转到主菜单"按钮；

④ 设置一个标题"交通信号灯控制系统"；

⑤ 屏幕上的字体颜色、字号、粗体等可以根据用户的个人爱好，适当地进行一些个性化的设置。

（3）说明

① 如果工控柜上的指示灯资源有限，那么用户在编程时可以只需要考虑东方向的红灯、绿灯及黄灯，南方向的红灯、绿灯及黄灯。如果工控柜上的指示灯资源能够满足设计要求，只需要将另外方向的指示灯并联连接到指定位置即可；

② 为了保证梯形图中各个变量之间的逻辑关系清晰可见，建议用户在编程的过程中尽量使用"置位线圈"和"复位线圈"作为梯级的输出。

3.4.2.2 案例实施步骤

① 按照如图 3-88 所示的要求，完成本应用案例的线路安装；

说明：图 3-88 中，HL1 对应东方向红灯，HL2 对应东方向黄灯，HL3 对应东方向绿灯，HL4 对应南方向红灯，HL5 对应南方向黄灯，HL6 对应南方向绿灯。

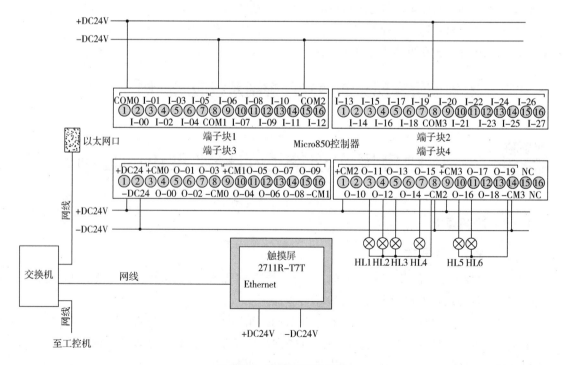

图 3-88　应用案例接线图

② 在 Micro850 控制器的编程过程中，设置如图 3-89 所示的局部变量；设置如图 3-90 所示的全局变量，并且按照图 3-90 所示的要求，进行变量的"数据类型"和"初始值"的设置；

名称	别名	数据类型	维度	项目值	初始值	注释	字符串大小
NO1		BOOL					
NO2		BOOL					
NO3		BOOL					
NO4		BOOL					
NO5		BOOL					
NO6		BOOL					
NO7		BOOL					
NO8		BOOL					
NO9		BOOL					
NO10		BOOL					
NO11		BOOL					

图 3-89　局部变量

名称	别名	数据类型	维度	项目值	初始值	注释	字符串大小
EW_R4		DINT			20		
EW_R		DINT					
EW_G1		TIME					
EW_G2		DINT					
EW_G3		DINT					
EW_G4		DINT			16		
EW_G		DINT					
EW_R3		DINT					
NS_G3		DINT					
START		BOOL					
STOP		BOOL					
NS_R1		TIME					
NS_R2		DINT					
NS_R3		DINT					
NS_R4		DINT			20		
NS_R		DINT					
NS_G1		TIME					
NS_G2		DINT					
NS_G4		DINT			16		
NS_G		DINT					
EW_R1		TIME					
EW_R2		DINT					

图 3-90　全局变量

③ 编写 Micro850 控制器的梯形图程序，如图 3-91、图 3-92、图 3-93 及图 3-94 所示，在进行梯形图设计时，为了方便读者理解，给每一个梯级的程序都进行了注释，请读者在阅读程序时仔细研究每一个梯级的注释；

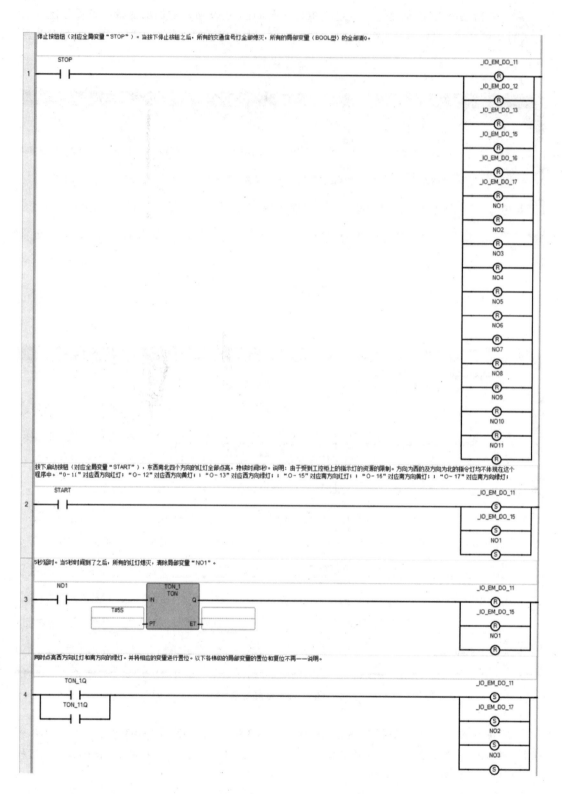

图 3-91　梯形图程序（1）

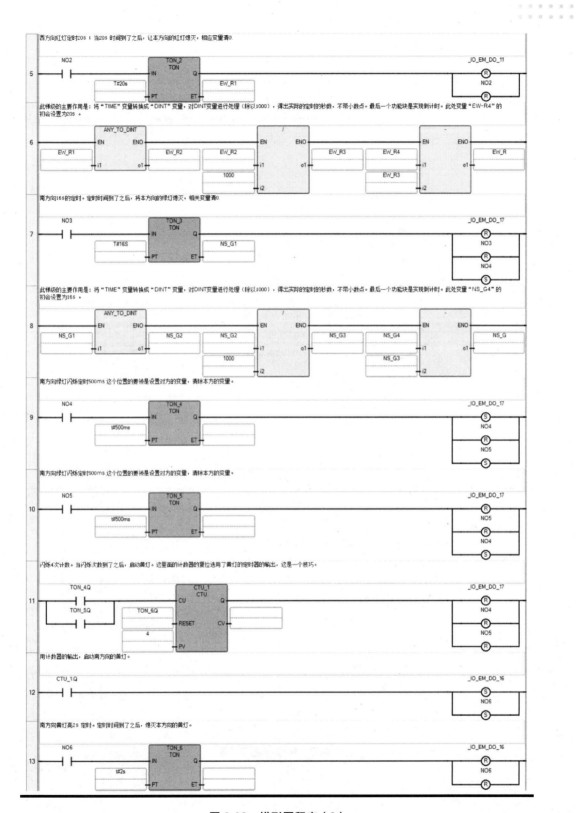

图 3-92 梯形图程序（2）

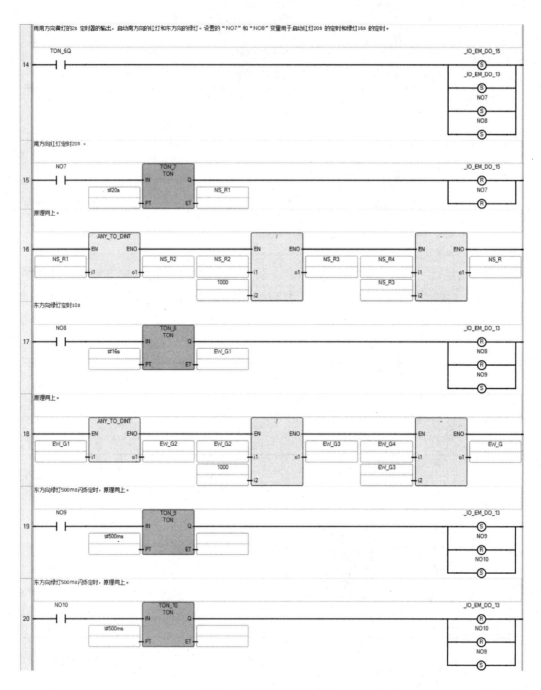

图 3-93　梯形图程序（3）

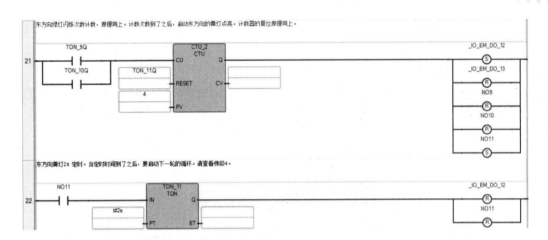

图 3-94　梯形图程序（4）

④ 进行触摸屏的标签设置，具体如图 3-95 所示；

标签名称 ▲	数据类型	地址	控制器	描述
START	Boolean	START	PLC-1	
STOP	Boolean	STOP	PLC-1	
EW_R	32 bit integer	EW_R	PLC-1	
EW_G	32 bit integer	EW_G	PLC-1	
NS_R	32 bit integer	NS_R	PLC-1	
▶ NS_G	32 bit integer	NS_G	PLC-1	

图 3-95　触摸屏的"标签"设备

⑤ 触摸屏的通信协议、控制器名称及控制器的 IP 地址设置如图 3-96 所示；

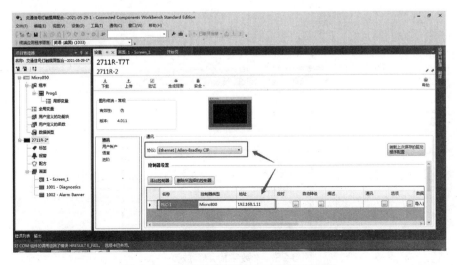

图 3-96　触摸屏的通信协议及控制器设置

⑥ 触摸屏的画面设计建议，如图 3-97 所示。用户可以根据控制要求，在画面设计的过程中适当地加入一些个性化的元素。图 3-97 中，东西红灯倒计时、南北红灯倒计时、东西绿灯倒计时和南北绿灯倒计时的数字窗口，在进行画面设计的过程中，使用"工具箱"→"显示"→"数字显示"进行设计，如图 3-98 所示；采用了"读标签"的设计方法，将这 4 个倒计时的数字窗口分别关联全局变量"EW_R""NS_R""EW_G"和"NS_G"，每个"数字显示"窗口的"属性"如图 3-99、图 3-100、图 3-101 及图 3-102 所示；

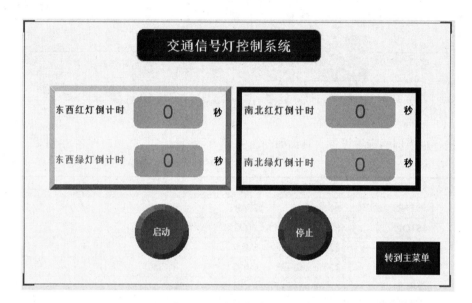

图 3-97　触摸屏画面设计

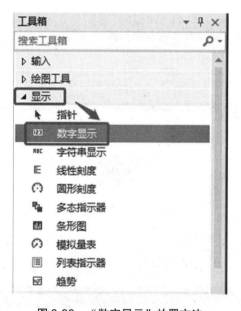

图 3-98　"数字显示"放置方法

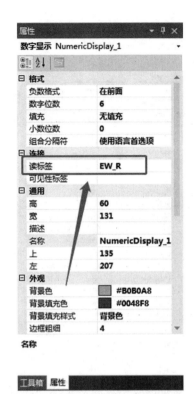

图 3-99　东西红灯倒计时"数字显示"属性

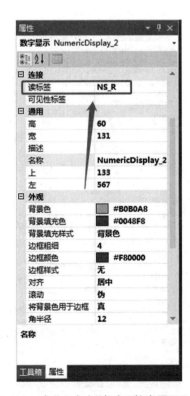

图 3-100　南北红灯倒计时"数字显示"属性

图 3-101 东西绿灯倒计时"数字显示"属性

图 3-102 南北灯倒计时"数字显示"属性

⑦ 将梯形图程序下载到 Micro850 控制器中；

⑧ 将触摸屏应用程序下载到触摸屏中；

⑨ 执行 Micro850 控制器中的梯形图程序之后，在触摸屏上运行所接收到的程序（名字为 2711R-2），如图 3-103 所示，运行"2711R-2"程序后的画面如图 3-104 所示；

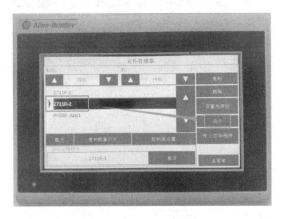

图 3-103　执行"2711R-2"

⑩ 在图 3-104 中，触摸"启动"按钮，交通信号灯控制系统开始工作，如图 3-105 所示；

图 3-104　运行"2711R-2"后的画面

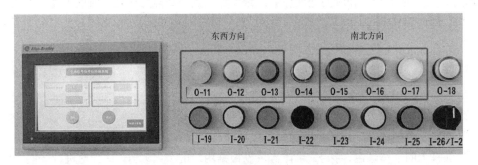

图 3-105　工作期间的交通信号灯控制系统

⑪ 按下触摸屏上的"停止"按钮，交通信号灯控制系统停止工作，如图 3-106 所示；

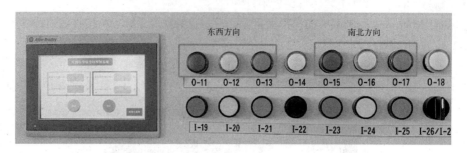

图 3-106　停止工作的交通信号灯控制系统

⑫ 至此，已经完成本应用案例的全部工作任务。

3.4.2.3　分析与提高

本应用案例中，完成的是不区分主次干路的交通信号灯控制系统设计。如果在实际的工程应用中，交通信号灯设置在主路和次路的交叉路口，则主路的绿灯工作时间相对较长，红灯的工作时间相对较短，次路的红绿灯工作时长恰恰相反。在这种状态下只需要对上面交通信号灯控制系统的梯形图程序，在某些定时器的时间设置上，进行适当的改动即可实现控制目标。

3.4.3　通过触摸屏实现三相异步电动机多段速控制应用案例

 案例题目 —— 用触摸屏实现三相异步电动机多段速控制，同时实现频率和时间的实时监测 ——

3.4.3.1　控制要求

（1）程序设计要求

程序设计中增加频率和时间处理环节：频率保留到小数点后一位；时间保留 2 个整数位。

（2）触摸屏设计要求

① 屏幕上设置一个启动按钮（圆形、绿色）和一个停止按钮（圆形、红色）；

② 屏幕上设置三相异步电动机工作期间的时间显示窗口和一个监测变频器工作频率的显示窗口；

③ 屏幕上设置一个"转到主菜单"按钮；

④ 设置一个标题"三相异步电动机多段速控制实时监测系统"；

⑤ 屏幕上的字体颜色、字号、粗体等可以根据用户的个人爱好，适当地进行一些个性化的设置。

3.4.3.2　案例实施步骤

① 按照如图 3-107 所示的要求进行应用案例的线路安装;

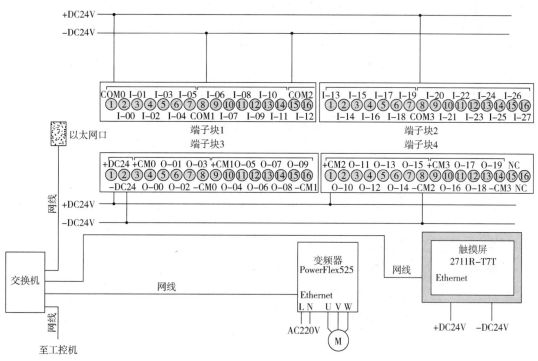

图 3-107　应用案例接线图

② 在 Micro850 控制器的编程过程中,设置如图 3-108 所示的局部变量;设置如图 3-109 所示的全局变量,并且按照图 3-109 所示的要求,进行变量的"数据类型"和"初始值"的设置。局部变量表中,变量"IP"的初始值 192.168.1.141 是变频器的 IP 地址;设置全局变量时要特别注意每一个变量所对应的"数据类型"。

③ 在 CCW 软件中,编写本应用案例所需要的梯形图程序,如图 3-110～图 3-112 所示;

名称	别名	数据类型	维度	项目值	初始值	注释	字符串大小
IP		STRING			'192.168.1.141'		80
start		BOOL					
stop		BOOL					
FWD		BOOL					
speed		REAL					
no1		BOOL					
no2		BOOL					
no3		BOOL					
no4		BOOL					
no5		BOOL					
TON_1		TON		...	...		
TON_2		TON		...	...		
RA_PFx_ENET_STS_CMD		RA_PFx_ENET		...	...		
REV		BOOL					
TON_3		TON		...	...		
TON_4		TON		...	...		

图 3-108　局部变量

名称	别名	数据类型	维度	项目值	初始值	注释	字符串大小
_IO_EM_DI_26		BOOL					
_IO_EM_DI_27		BOOL					
START_1		BOOL					
STOP_1		BOOL					
PINLV		REAL					
SHIJIAN		DINT					
T1_1		TIME					
T1_2		DINT					
T2_1		TIME					
T2_2		DINT					
T3_1		TIME					
T3_2		DINT					
T4_1		TIME					
T4_2		DINT					

图 3-109　全局变量

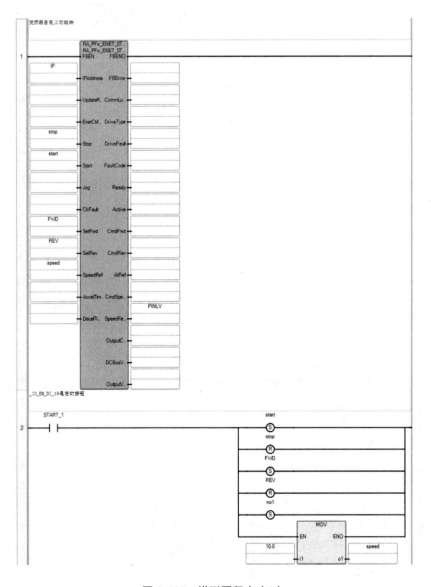

图 3-110　梯形图程序（1）

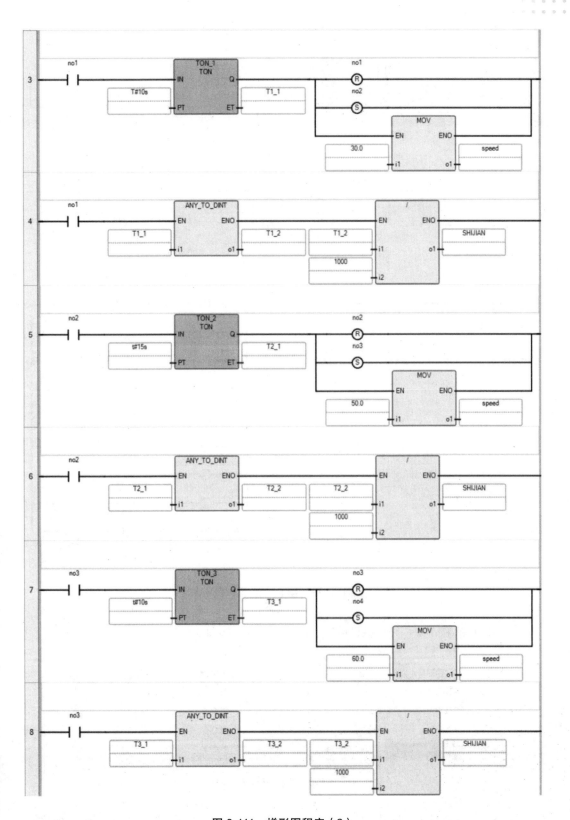

图 3-111　梯形图程序（2）

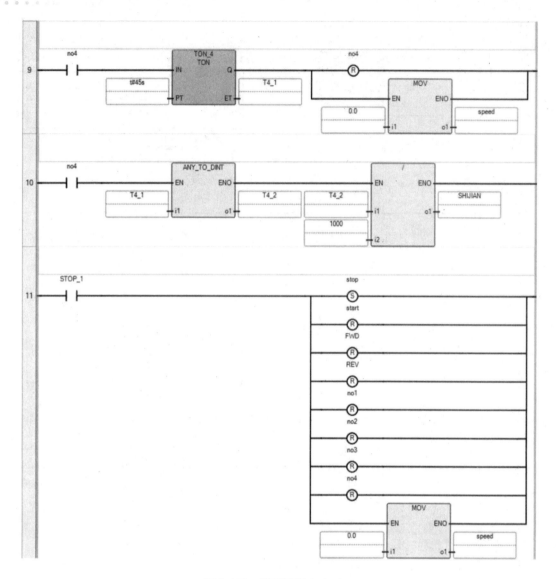

图 3-112　梯形图程序（3）

④ 在 CCW 软件中，完成触摸屏的"标签"设置，如图 3-113 所示；

标签名称	数据类型	地址	控制器	描述
START_1	Boolean	START_1	PLC-1	
STOP_1	Boolean	STOP_1	PLC-1	
PINLV	Real	PINLV	PLC-1	
SHIJIAN	32 bit integer	SHIJIAN	PLC-1	

图 3-113　触摸屏标签设置

⑤ 在 CCW 软件中，按照如图 3-114 所示的要求，完成触摸屏的通信协议、Micro850 控制

器的名称和 IP 地址设置工作；

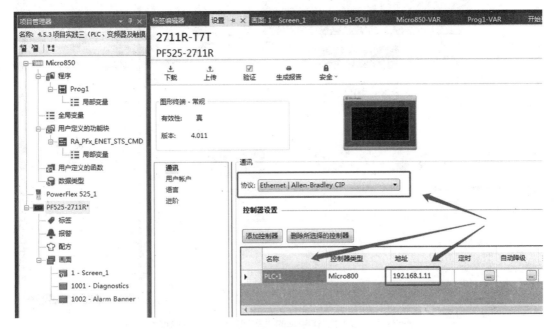

图 3-114　触摸屏相关设置

⑥ 在 CCW 软件中，按照如图 3-115 所示要求，制作触摸屏的操作界面。界面中的"启动"按钮关联全局变量"START_1"，"停止"按钮关联全局变量"STOP_1"；实时工作频率的"数字显示"窗口关联全局变量"PINLV"；实时工作时长的"数字显示"窗口关联全局变量"SHIJIAN"。实时工作频率的"数字显示"窗口的属性设置如图 3-116 所示，实时工作时长的"数字显示"窗口的属性设置如图 3-117 所示；

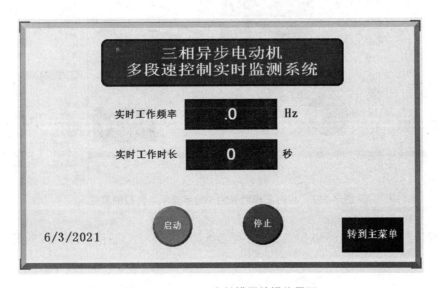

图 3-115　CCW 中触摸屏的操作界面

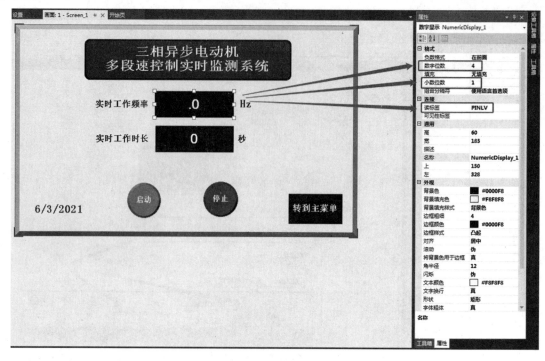

图 3-116　实时工作频率的"数字显示"窗口的属性

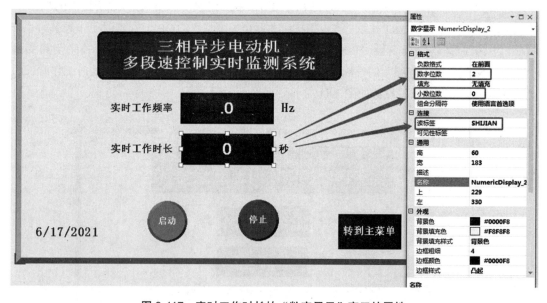

图 3-117　实时工作时长的"数字显示"窗口的属性

⑦ 确认工控机、Micro850 控制器、变频器以及触摸屏可以进行正常的以太网通讯，如图 3-118 所示；

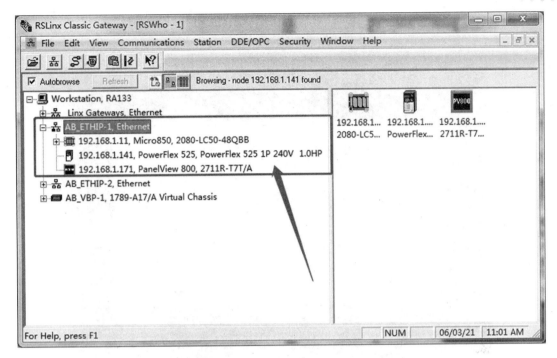

图 3-118 各设备之间的以太网通讯

⑧ 将梯形图程序下载到 Micro850 控制器中；将触摸屏操作界面应用程序下载到触摸屏中，并分别执行这 2 个程序，触摸屏上的实际操作界面如图 3-119 所示。注意：在梯形图程序下载到 Micro850 控制器的过程中，必须将变频器上的错误提示信息清除；

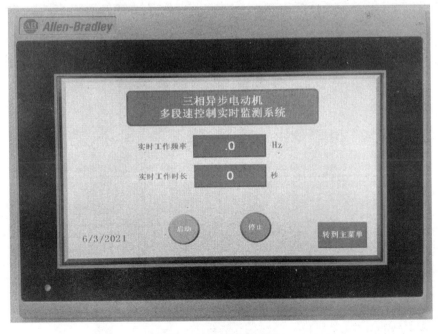

图 3-119 触摸屏界面

⑨ 程序运行过程中的画面如图 3-120～图 3-123 所示;

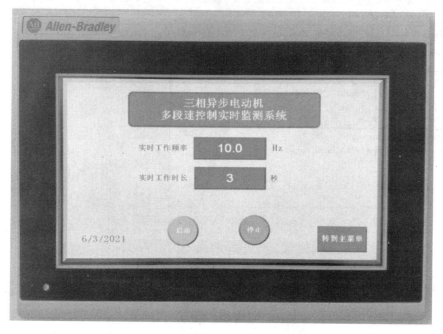

图 3-120 程序运行过程中的界面（1）

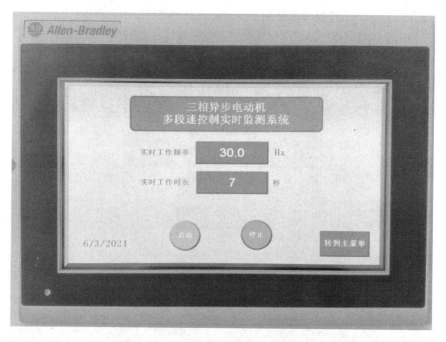

图 3-121 程序运行过程中的界面（2）

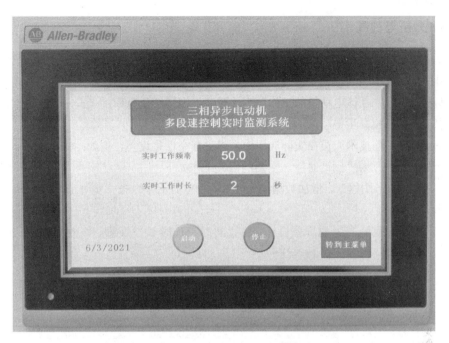

图 3-122　程序运行过程中的界面（3）

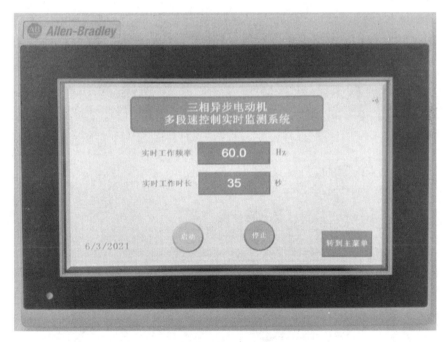

图 3-123　程序运行过程中的界面（4）

　　⑩ 三相异步电动机在 60Hz 的频率下转动 45s 之后自动停止。用户也可以在程序执行期间的任意时刻，按下触摸屏上的"停止"按钮，随时可以让三相异步电动机停止运行。本应用案例到此结束。

3.4.3.3 **分析与提高**

本应用案例，三相异步电动机是在正转状态下运行的，如果将转动方向改为反转，只需要对梯形图程序进行适当改动即可实现。同样，如果在工程实际应用过程中，选用大功率的变频三相异步电动机，并且该电动机的工作频率比较高，则应细化频率的上升节奏，以实现平滑调速的目的，延长三相异步电动机的使用寿命。

另外，如果工程技术人员在实际应用中，想进行个性化设置，例如：将三相异步电动机的"实时工作时长"改为"倒计时"，主要的修改工作如下：

第一，修改梯形图程序，增加数据处理环节（用总的工作时长－实时工作时间），即可实现"倒计时"控制；

第二，修改工业触摸屏的屏幕设计，将"实时工作时长"文本，修改为"倒计时时间"即可。

第 4 章

滚珠丝杠滑台典型应用案例

4.1 滚珠丝杠滑台概述

4.1.1 滚珠丝杠简介

滚珠丝杠是工具机械和精密机械上最常使用的传动元件，如图 4-1 所示，其主要功能是将旋转运动转换成线性运动，或将扭矩转换成轴向反复作用力，同时兼具高精度、可逆性和高效率的特点。由于具有很小的摩擦阻力，滚珠丝杠被广泛应用于各种工业设备和精密仪器。

滚珠丝杠是将回转运动转化为直线运动，或将直线运动转化为回转运动的理想的产品。利用变频器驱动三相异步电动机以不同的频率工作，带动滚珠丝杠转动，并通过旋转编码器的反馈来监测滚珠丝杠的转动情况。由 Micro850 控制器、变频器、旋转编码器、触摸屏、三相异步电动机及交换机所组成的闭环控制系统，可以实现对滚珠丝杠进行精准控制的目标。

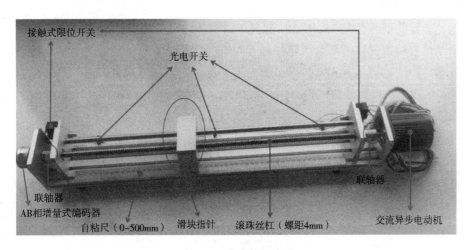

图 4-1　滚珠丝杠外观

4.1.2　滚珠丝杠滑台被控对象的组成

从图 4-1 中可以看出,滚珠丝杠被控对象是由设备本体及其检测与控制设备组成,包括滚珠丝杠的主体、用于驱动滚珠丝杠转动的三相异步电动机、用于检测滚珠丝杠上滑台位置和速度的光电传感器和用于采集滚珠丝杠转动圈数的旋转编码器、用于保护设备安全的限位开关(其本质是行程开关)等部件组成。

(1)主体

主体的底座及支撑部件是由工业级铝型材和航空级铝合金板材加工而成,其表面进行了电镀氧化处理;主体上配有滚珠丝杠及滑台,滚珠丝杠的型号是 1204(丝杠的直径是 12mm,丝杠的螺距是 4mm),滚珠丝杠上安装的滑台其有效行程为 510mm。

(2)三相异步电动机

三相异步电动机的型号是 Y70-15,其额定功率是 15W;额定频率是 50/60Hz;额定转速 1250/1550 转/分钟;额定电流 0.16A。三相异步电动机通过联轴器连接带动滚珠丝杠旋转。

(3)旋转编码器

旋转编码器的型号是 LPD3806-360BM-G5-24C,它是增量式光电旋转编码器,其输出的 A 相和 B 相信号连接到 Micro850 控制器的 I-08 和 I-09 输入端子上(即连接到 Micro850 控制器的 HSC4 高速计数器)。

(4)限位开关

在设备两侧配有两个限位开关,它的型号是 LXW5-11M,这两个限位开关的常闭触点经过串联之后,接到了变频器的 1 号端子和 11 号端子之间,其主要作用是:当滑块运动碰到其中任意一个限位开关时,其常闭触点断开,导致变频器的 1 号端子和 11 号端子之间的连接断开,变频器断电并使三相异步电动机停止工作,进而使滚珠丝杠上的滑台停止左右移动,以免发生危险。

(5)光电传感器

光电传感器的型号是 EE-SX672P,它是 PNP 型输出。在设备侧面安装了三个 U 槽 T 型光电传感器,它的位置以可任意调整并进行固定。当滑台上的挡针运动至光电传感器 U 型槽中的时候,挡针遮挡住了光电传感器的光束,这时光电传感器会有信号输入到 Micro850 控制器中。这三个光电传感器的输出端分别接到 Micro850 控制器的 I-12、I-13 和 I-14 输入端子上。

(6)其他附件

在设备一侧的平台上安装有铝制格尺,其量程为 0～500mm,在滑台的中心位置的前面和后面分别装有指针和挡针。指针用于指示滑台的当前位置,挡针用于遮挡光电传感器的光束,以便产生检测信号。

4.2 滑台从任意位置回坐标原点控制应用案例

案例
题目 ── **滑台从任意位置回坐标原点控制** ──

（1）控制要求

① 设置一个读取编码器当前值的按钮 SB1、一个启动按钮 SB2 和一个停止按钮 SB3，停止按钮可以让滑台在任意位置停止移动；

② 在 Micro850 控制器的梯形图程序运行期间，按下读取编码器按钮 SB1，读取旋转编码器当前的脉冲数。按下读取编码器时滑台的位置就是滑台的坐标原点；

③ 运行程序期间，通过手动旋转滚珠丝杠的方式，将滑台向左或者向右移动任意一段距离之后，按下启动按钮 SB2，三相异步电动机以 15Hz 的固定频率正转或者反转，驱动滚珠丝杠旋转，进而带动滑台可以从任意位置自动返回到坐标原点并停止移动。

（2）案例实施步骤

① 按照如图 4-2 所示的要求进行应用案例线路安装；

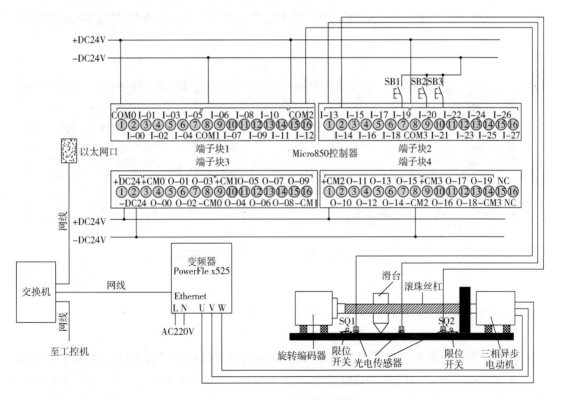

图 4-2　应用案例接线图

② 在 CCW 软件中编写梯形图程序，其局部变量的设置和赋值情况如图 4-3 所示，图 4-3 中 "h_app" 变量的具体赋值情况如图 4-4 所示；

名称	别名	数据类型	维度	项目值	初始值	注释	字符串大小
		▾ ⯅	▾ ⯅	▾ ⯅	▾ ⯅	⯅	▾ ⯅	⯅	⯅
stop		BOOL					
start		BOOL	▾				
FWD		BOOL					
REV		BOOL	▾				
speed		REAL					
A1		DINT	▾				
IP		STRING	▾		'192.168.1.111'		80
h_cmd		USINT	▾		1		
⊞ h_sts		HSCSTS	▾		...		
⊞ h_data		PLS	▾	[1..1]	...	...		
⊞ h_app		HSCAPP	▾		...		
⊞ HSC_1		HSC	▾		...		
⊞ RA_PFx_ENET_STS_CMD_1		RA_PFx_ENET	▾				
C1		BOOL	▾				
A2		DINT	▾				
SS		DINT	▾				
*							

图 4-3　局部变量

名称	别名	数据类型	维度	项目值	初始值	注释	字符串大小
		▾ ⯅	▾ ⯅	▾ ⯅	▾ ⯅	⯅	▾ ⯅	⯅
h_cmd		USINT	▾		1		
⊞ h_sts		HSCSTS	▾		...		
⊞ h_data		PLS	▾	[1..1]	...	...		
⊟ h_app		HSCAPP	▾		...		
h_app.PlsEnable		BOOL			FALSE		
h_app.HscID		UINT			4		
h_app.HscMode		UINT			6		
h_app.Accumulator		DINT					
h_app.HPSetting		DINT			999999		
h_app.LPSetting		DINT			-999999		
h_app.OFSetting		DINT			1000000		
h_app.UFSetting		DINT			-1000000		
h_app.OutputMask		UDINT					
h_app.HPOutput		UDINT					
h_app.LPOutput		UDINT					

图 4-4　局部变量 "h_app" 的具体赋值情况

③ 应用案例所需要的梯形图程序如图 4-5 和图 4-6 所示；

重要说明如下。

● 在程序运行期间，打开局部变量，可以看到当滚珠丝杠没有旋转的情况下，变量 "h_app.Accumulator" 的当前项目值是 0，在这种情况下，当用户通过手动的方式旋转滚珠丝杠，使滑台向左或者向右移动一段距离的时候，变量 "h_app.Accumulator" 的当前项目值可能是正数（滑台向右运动），也可能是负数（滑台向左运动）。在用户把 "h_app.Accumulator" 项

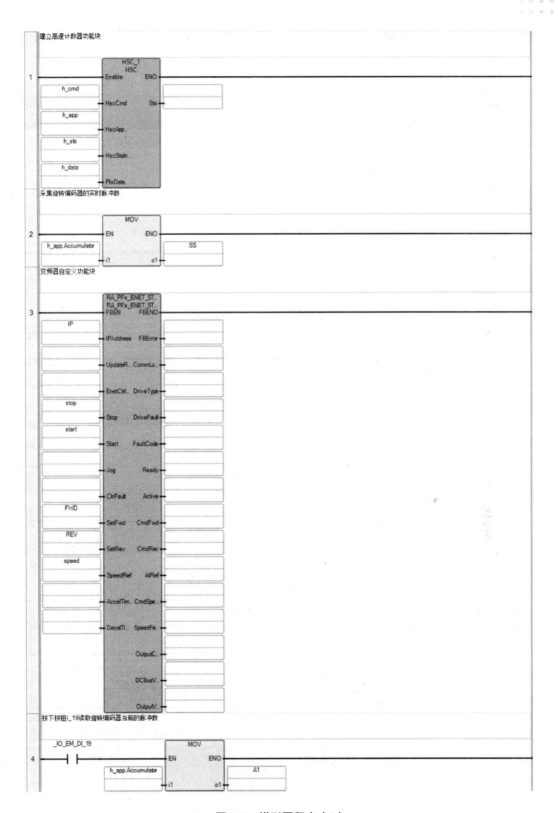

图 4-5　梯形图程序（1）

目值是"0"的位置当作坐标原点的情况下，如果当前的"h_app.Accumulator"项目值为负数，说明 Micro850 控制器程序正在执行的过程中，滑台已经通过手动旋转滚珠丝杠的方式被移动到坐标原点的左侧，三相异步电动机将通过反转的方式，带动滑台向右运动才可能回到坐标原点；相反，如果当前的"h_app.Accumulator"项目值为正数，说明 Micro850 控制器程序正在执行的过程中，滑台已经通过手动旋转滚珠丝杠的方式被移动到坐标原点的右侧，三相异步电动机将通过正转的方式，带动滑台向左运动才可能回到坐标原点。

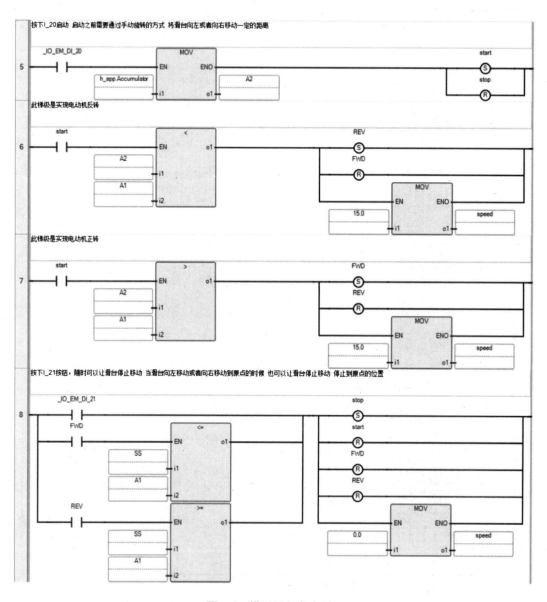

图 4-6　梯形图程序（2）

● 当滑台从任意位置重新回到坐标原点的时候，旋转编码器的实时脉冲数总是变大或者变小。当旋转编码器的实时脉冲数小于等于（电动机正转，滑台向左移动）在坐标原点所读取脉冲数的时候，滑台就停止移动，此时滑台正好重新移回坐标原点位置。相反，当旋转编码器的实时脉冲数大于等于（电动机反转，滑台向右移动）在坐标原点所读取脉冲数的时候，滑台就停止移动，此时滑台正好重新移回坐标原点位置。当上述两个条件之一满足的时候（这种状态表明滑台已经从任意位置被自动移动了坐标原点），变频器停止工作，电动机停止转动，滚珠丝杠上的滑台停止移动（重新回到坐标原点）。

④ 将图 4-5 和图 4-6 所示的梯形图程序下载到 Micro850 控制器中并执行程序。注意在程序下载的过程中，清除变频器面板上的错误提示信息。

⑤ 按下读取编码器按钮 SB1（即_IO_EM_DI_19 输入端子），读取旋转编码器当前的脉冲数；

⑥ 通过手动旋转滚珠丝杠的方式，将滑台上的指针向左或者向右移动一定的距离；

⑦ 按下启动按钮 SB2（即_IO_EM_DI_20 输入端子），电动机开始正转或者反转，带动滑以向左或者向右移动；

⑧ 当滑台指针重新移动到坐标原点位置的时候，就停止移动；

⑨ 滑台移动过程中，用户可以在任意位置按下停止按钮 SB3（即_IO_EM_DI_21 输入端子），使变频器及它驱动的三相异步电动机停止工作；

⑩ 本应用案例至此结束。

（3）分析与提高

本应用案例中，在梯形图程序运行期间，用户必须密切关注变量"h_app.Accumulator"的数值是正数还是负数，从而判断滚珠丝杠滑台上的指针是在坐标原点的左侧还是右侧，进行判断滑台回坐标原点的运动方向。

另外，如果在工程实际应用过程中，选择滚珠丝杠的型号与本应用案例不同，则需要根据已选择滚珠丝杠的各项参数进行新的梯形图程序设计。梯形图程序设计过程中的基本思路与本应用案例相同。

4.3 滑台从当前位置移动到指定位置应用案例

案例题目——滑台从当前位置移动到指定位置的控制——

（1）控制要求

① 触摸屏上设置一个读取编码器的按钮；一个停止按钮；一个运行按钮；一个执行按钮；一个当前位置的输入窗口和一个目标位置的输入窗口。

② 在 Micro850 控制器的梯形图程序执行期间，用户观察滑台指针当前所处的位置，并将这个位置所对应的数值输入到"当前位置"窗口；在"目标窗口"输入滑台指针的目

的地；

③ 依次按下"NO1.读取编码器"按钮、"NO2.运行"按钮和"NO3.执行"按钮后，滑台就从当前位置出发，向左或者向右移动。当滑台指针移动到目标位置时就停止移动；

④ 按下停止按钮，滑台可以在任意位置停下；

⑤ 为了保证安全，在滚珠丝杠的左、右两端分别设置了一个限位开关，当滑台碰到任意一个限位开关的时候，均停止移动。

（2）案例实施步骤

① 按照如图4-7所示的要求，完成线路的安装；

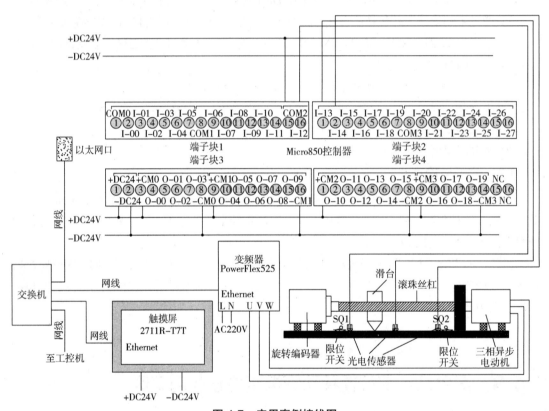

图4-7　应用案例接线图

② 在CCW软件中，建立如图4-8和图4-9所示的局部变量，并按图示的要求对相关局部变量完成赋值和修改数据类型操作；

③ 建立如图4-10所示的全局变量并注意变量的数据类型；

④ 编写如图4-11和图4-12所示的梯形图程序，说明：滚珠丝杠两端的限位开关，其本质是行程开关。在滚珠丝杠设备安装的时候，已经将这两个行程开关的常闭触点进行串联之后，连接到变频器的1号和11号端子中间。当滑台碰到任意一个行程开关之后，其常闭触点断开，导致变频器的1号和11号端子之间的连接断开，变频器立即停止工作。当然，我们也可以采用软件的方式让变频器停止工作，即将这两个限位开关的常开触点并联到具有停止功能梯级的停止按钮上，也可以实现限位功能。

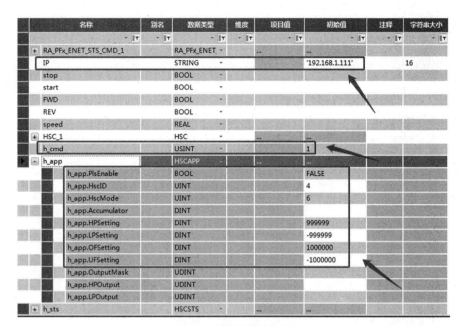

图 4-8　局部变量（1）

名称	别名	数据类型	维度	项目值	初始值	注释	字符串大小
h_data		PLS	[1..1]	...	...		
A1		REAL					
B1		REAL					
B2		REAL					
C1		REAL					
acchsc		REAL					

图 4-9　局部变量（2）

名称	别名	数据类型	维度	项目值	初始值	注释	字符串大小
button_stop		BOOL					
button_start		BOOL					
button_FWD		BOOL					
button_REV		BOOL					
position1		REAL				起始位置	
position2		REAL				目标位置	
button1		BOOL					
button2		BOOL					
button3		BOOL					

图 4-10　全局变量

141

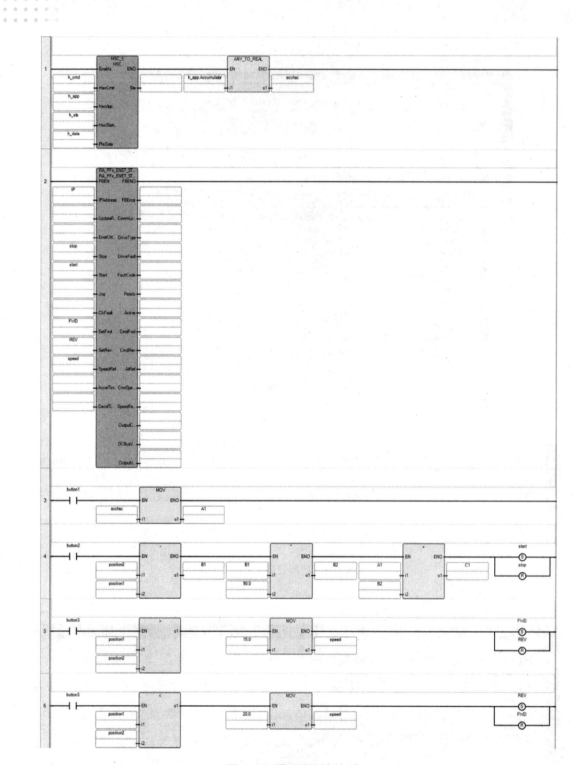

图 4-11　梯形图程序（1）

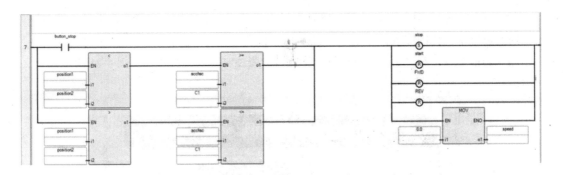

图 4-12　梯形图程序（2）

⑤ 在 CCW 软件中，对触摸屏操作界面开始设计之前，要建立如图 4-13 所示的标签；

图 4-13　触摸屏标签设置

⑥ 继续完成触摸屏的其他设置，如图 4-14 所示；

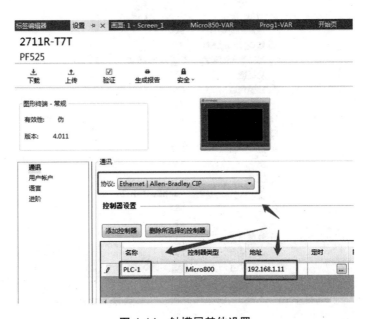

图 4-14　触摸屏其他设置

⑦ 在 CCW 软件中，建立如图 4-15 所示的触摸屏操作界面（字体颜色、字号的大小等可根据需要进行个性化的修改）。按钮"NO1.读取编码器""NO2.运行""NO3.执行""停止"以及"请输入当前位置"和"请输入目标位置"窗口的属性对话框如图 4-16～图 4-21 所示；

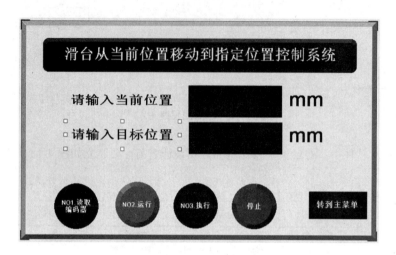

图 4-15　CCW 中的触摸屏操作界面

图 4-16　"NO1.读取编码器"按钮属性设置对话框

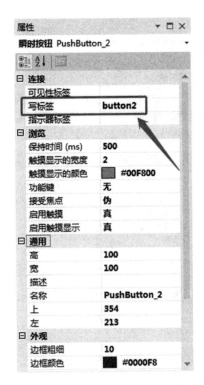

图 4-17　"NO2.运行"按钮属性设置对话框

图 4-18　"NO3.执行"按钮属性设置对话框

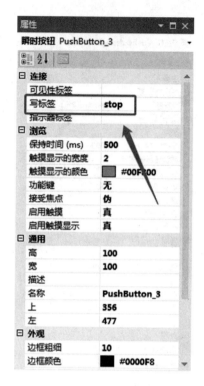

图 4-19　"停止"按钮属性设置对话框

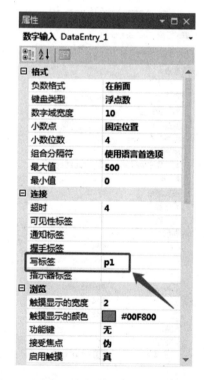

图 4-20　"请输入当前位置"窗口属性设置对话框

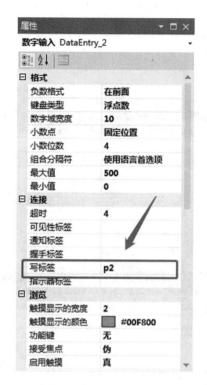

图 4-21　"请输入目标位置"窗口属性设置对话框

⑧ 在保证变频器、触摸屏、Micro850 控制器及工控机可以正常地进行以太网通讯的情况下，分别将梯形图程序下载到 Micro850 控制器中；将触摸屏设计界面下载到触摸屏中。先运行 Micro850 控制器中的梯形图程序，再运行触摸屏中的操作界面设计程序，如图 4-22 所示；

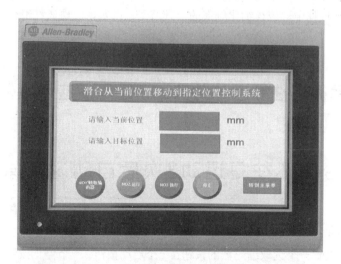

图 4-22　2711R-T7T 执行操作界面设计程序的画面

⑨ 在触摸屏上分别手动输入"当前位置"和"目标位置"信息之后，按顺序依次点击触摸屏上的"NO1.读取编码器"按钮、"NO2.运行"按钮和"NO3.执行"按钮，这时滚珠丝杠的滑

台会从当前位置出发，向左或者向右移动，直到移动到目标位置的时候就停止移动，操作画面如图 4-23 所示；

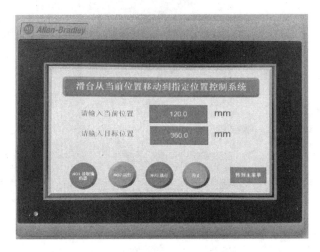

图 4-23　按下触摸屏按钮进行操作

⑩ 在滑台移动的过程，用户可随时按下停止按钮，使滑台在任意位置停止移动。本应用案例到此结束。

（3）分析与提高

本应用案例中，三相异步电动机驱动滚珠丝杠的转速相对较低，如果在工程实际应用过程中，想提高滚珠丝杠的转速，只需要在梯形图程序中修改相应参数即可。

另外，如果滚珠丝杠是带动重负载运行，则驱动它的三相异步电动机功率需要适当提高，在梯形图程序设计过程中，应该细化频率的上升节奏，以实现滚珠丝杠滑台的平稳运行。

4.4　滑台循环往复运动并自动返回原点应用案例

案例题目 — 滑台循环往复运动3次后自动返回原点控制 —

（1）控制要求

① 触摸屏上设置一个读取编码器的按钮；一个启动按钮；一个停止按钮；一个当前位置的输入窗口、一个当前工作频率显示窗口和一个循环次数的显示窗口。

② 在触摸屏的当前位置窗口输入滑台指针的当前位置信息，分为两种情况：第一种情况，当滑台指针在光电传感器 1 和光电传感器 2 之间的时候，按下启动按钮，电动机以 15Hz 的频率反转，带动滑台向右移动，当经过光电传感器 2 的时候，电动机提速到 25Hz，继续反转，带

动滑台向右移动；第二种情况，当滑台在光电传感器 2 和光电传感器 3 之间的时候，按下启动按钮之后，电动机直接以 25Hz 的频率反转，带动滑台向右移动。以上这两种情况，当滑台移动到光电传感器 3 的时候，电动机改为正转，向左仍然以 25Hz 的频率带动滑台移动，经过光电传感器 2 的时候，频率降到 15Hz 继续保持正转，滑台继续保持向左移动。当滑台经过光电传感器 1 的时候，电动机改为反转，仍然以 15Hz 的频率反转，直到经过光电传感器 2 的时候，频率才提升到 25Hz。如此往复循环 3 次之后，滑台指针重新回到坐标原点，停止移动。

③　滑台移动的时候，通过触摸屏上的循环次数显示窗口，实时监测滑台的往复循环次数；通过当前工作频率显示窗口可以实时显示变频器驱动三相异步电动机工作的频率。

④　按下停止按钮，滑台可以在任意位置停止移动。

⑤　为了保证安全，在滚珠丝杠的左、右两端分别设置了一个限位开关，当滑台碰到任意一个限位开关的时候，均停止移动。

（2）案例实施步骤

①　按照如图 4-24 所示的要求，完成应用案例的线路安装。

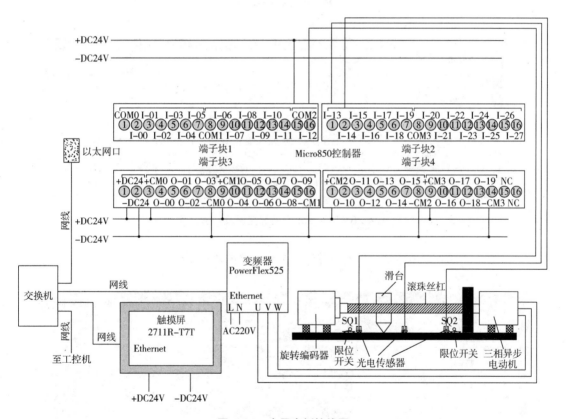

图 4-24　应用案例接线图

②　在 CCW 软件下，建立如图 4-25 所示的局部变量，并按图示的要求，对相关局部变量进行赋值。其中"h_app"的局部变量及赋值情况如图 4-26 所示。

名称	别名	数据类型	堆度	项目值	初始值	注释	字符串大小
▾ ⟨T	▾ ⟨T	▾ ⟨T	▾ ⟨T	▾ ⟨T	▾ ⟨T	▾ ⟨T	▾ ⟨T
+ RA_PFx_ENET_STS_CMD_1		RA_PFx_ENET ▾		...	...		
▸ IP		STRING ▾			'192.168.1.111'		16
stop		BOOL ▾					
start		BOOL ▾					
FWD		BOOL ▾					
REV		BOOL ▾					
+ HSC_1		HSC ▾		...	...		
h_cmd		USINT ▾			1		
+ h_app		HSCAPP ▾		...	...		
+ h_sts		HSCSTS ▾		...	...		
+ h_data		PLS ▾	[1..1]	...	...		
acchsc		REAL ▾					
CENTER		REAL ▾			240.0		
L		BOOL ▾					
+ CTU_1		CTU ▾			...		
A1		REAL ▾					
*							

图 4-25　局部变量及赋值情况

▸ − h_app		HSCAPP ▾		...	...
h_app.PlsEnable		BOOL			FALSE
h_app.HscID		UINT			4
h_app.HscMode		UINT			6
h_app.Accumulator		DINT			
h_app.HPSetting		DINT			999999
h_app.LPSetting		DINT			-999999
h_app.OFSetting		DINT			1000000
h_app.UFSetting		DINT			-1000000
h_app.OutputMask		UDINT			
h_app.HPOutput		UDINT			
h_app.LPOutput		UDINT			

图 4-26　"h_app"局部变量及赋值情况

③ 建立如图 4-27 所示的全局变量并注意全局变量的数据类型。

名称	别名	数据类型	堆度	项目值	初始值	注释	字符串大小
▾ ⟨T	▾ ⟨T	▾ ⟨T	▾ ⟨T	▾ ⟨T		▾ ⟨T	▾ ⟨T
_IO_EM_DI_20		BOOL ▾					
_IO_EM_DI_21		BOOL ▾					
_IO_EM_DI_22		BOOL ▾					
_IO_EM_DI_23		BOOL ▾					
_IO_EM_DI_24		BOOL ▾					
_IO_EM_DI_25		BOOL ▾					
_IO_EM_DI_26		BOOL ▾					
_IO_EM_DI_27		BOOL ▾					
button_stop		BOOL ▾					
speed		REAL ▾					
position1		REAL ▾				起始位置	
button1		BOOL ▾					
button2		BOOL ▾					
CISHU		DINT ▾					

图 4-27　全局变量

④ 编写应用案例所需的梯形图程序，如图 4-28、图 4-29 和图 4-30 所示。

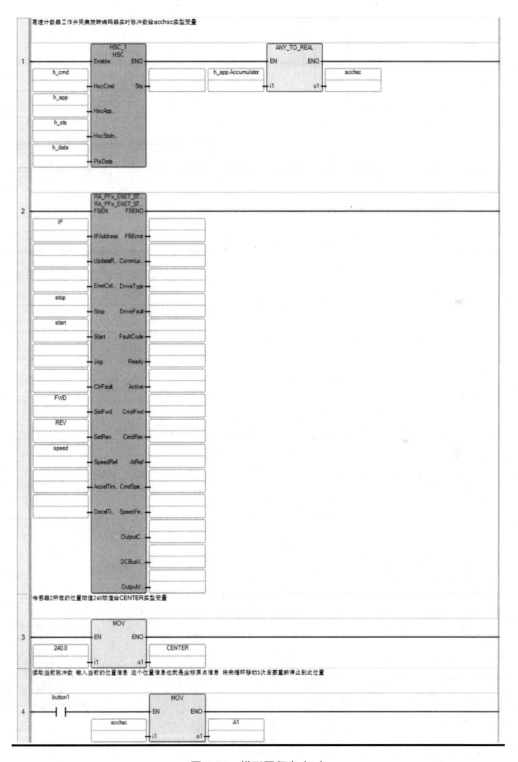

图 4-28　梯形图程序（1）

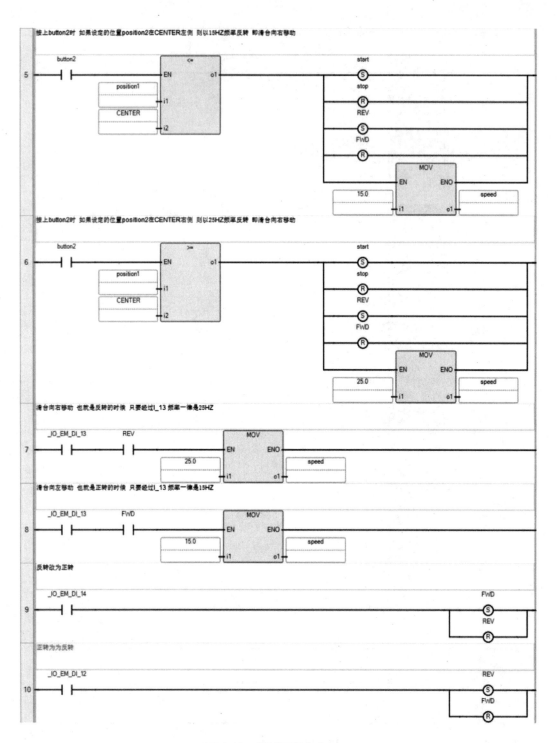

图 4-29　梯形图程序（2）

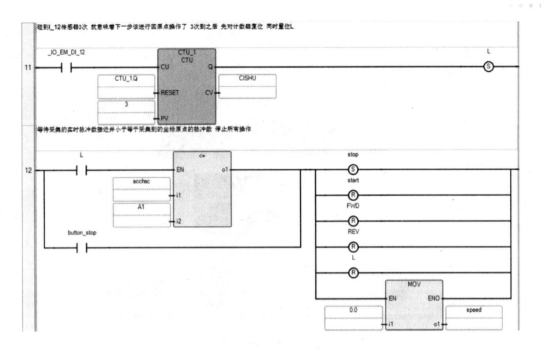

图 4-30 梯形图程序（3）

⑤ 在触摸屏设计项目中，建立如图 4-31 所示的标签。

标签名称	数据类型	地址	控制器	描述
button1	Boolean	button1	PLC-1	
button2	Boolean	button2	PLC-1	
stop	Boolean	button_stop	PLC-1	
p1	Real	position1	PLC-1	
p2	Real	position2	PLC-1	
CISHU	16 bit integer	CISHU	PLC-1	
PINLV	Real	speed	PLC-1	

图 4-31 触摸屏标签设置

⑥ 继续完成触摸屏的其他设置，如图 4-32 所示。

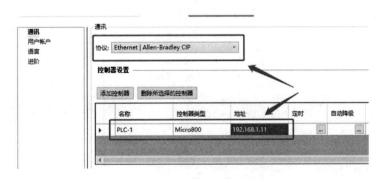

图 4-32 触摸屏其他设置

⑦ 在 CCW 软件中，建立如图 4-33 所示的触摸屏操作界面（字体颜色、字号的大小等可进行个性化的修改）。按钮"读取编码器""启动""停止"以及"请输入当前位置"、"当前工作频率"、"当前循环次数"的属性对话框如图 4-34～图 4-39 所示。

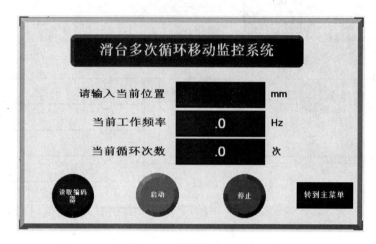

图 4-33　触摸屏操作界面

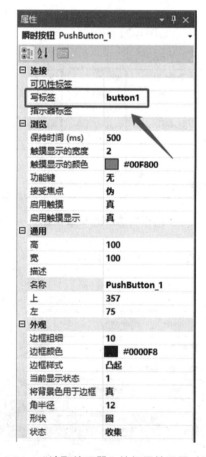

图 4-34　"读取编码器"按钮属性设置对话框

图 4-35　"启动"按钮属性设置对话框

图 4-36　"停止"按钮属性设置对话框

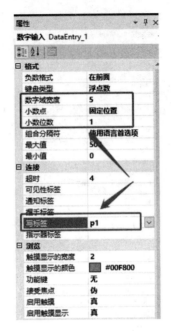

图 4-37 "请输入当前位置"窗口属性对话框

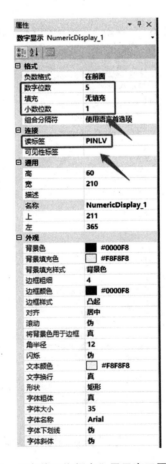

图 4-38 "当前工作频率"显示窗口属性对话框

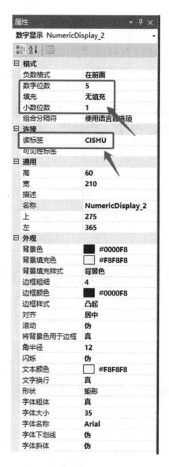

图 4-39　"当前循环次数"显示窗口属性对话框

⑧ 在保证变频器、触摸屏、Micro850 控制器及工控机可以正常地进行以太网通讯的情况下，分别将梯形图程序下载到 Micro850 控制器中，将触摸屏设计界面下载到触摸屏中。先运行 Micro850 控制器中的梯形图程序，再运行触摸屏中的操作界面设计程序，如图 4-40 所示。

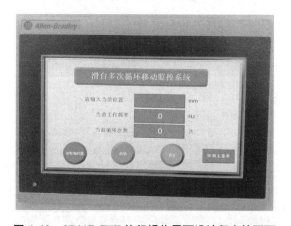

图 4-40　2711R-T7T 执行操作界面设计程序的画面

⑨ 在触摸屏上分别手动输入"当前位置"信息之后，按顺序依次点击触摸屏上的"读取编码器"按钮和"启动"按钮之后，滚珠丝杠的滑台就开始进行 3 次往复循环。直到 3 次移动过程完成之后，滑台重新回到坐标原点处停止移动，部分操作画面如图 4-41～图 4-44 所示。

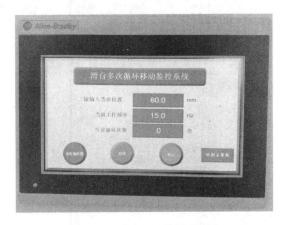

图 4-41　以 15Hz 的频率启动

图 4-42　以 25Hz 的频率转动（第 1 次）

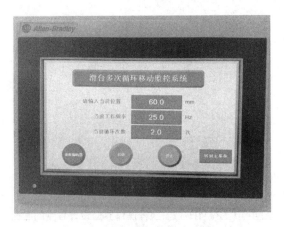

图 4-43　以 25Hz 的频率转动（第 2 次）

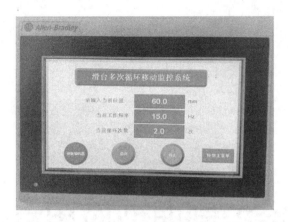

图 4-44　以 15Hz 的频率转动（停止之前）

⑩ 在滑台移动的过程，用户可随时按下停止按钮，使滑台在任意位置停止移动。本应用案例到此结束。

（3）分析与提高

本应用案例中，控制滚珠丝杠滑台改变运行方面是通过 2 组光电传感器实现的，在工程实际应用中，如果应用现场的信号干扰较强，可以将本应用案例中的 2 组光电传感器替换为超声波传感器，或者替换为工作相对稳定的行程开关。在梯形图设计过程中，只需要搞清楚超声波传感器或者行程开关传送给 Micro850 控制器的 I/O 口即可。

第5章

温度风冷控制典型应用案例

5.1 温度风冷设备概述

（1）温度风冷控制对象产品

温度风冷过程控制被控对象的产品型号是 LGTABPC15，如图 5-1 所示。用以配套罗克韦尔模拟量 Micro820 控制器（型号为 2080-LC20-20QBB）。被控对象具备专用接口，与罗克韦尔公司生产的具有模拟量处理功能的 Micro820 控制器及 2711R-T7T 工业触摸屏连接，实现远程监控。

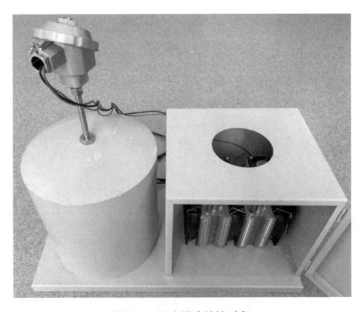

图 5-1 温度风冷被控对象

温度风冷被控对象是以工业企业中央空调控制为背景设计的适合于教学使用的过程控制系统模型，精简了标准工业设计的结构，以罗克韦尔模拟量 Micro820 为控制核心，并安装了铠装热电偶、大功率半导体制冷器件以及水冷系统用于模拟工业中的吸收式制冷机。该系统独特的半导体制冷核心配合水冷循环系统具有强大的制冷能力，对被控对象迅速制冷并保持温度恒定在 8℃。

该控制系统遵循工业标准，支持 0～10V 模拟信号；支持 Ethernet/IP、Modbus、RS-232、RS-485 等通信协议以及多重回路的 PID 控制；支持 IEC1131-3 的多种编程语言。该对象包含工业级热电偶温度计、空气循环降温设备。热电偶温度计可直接测量各种生产中温度，测量范围从 0℃到 100℃。它可以测量液体蒸汽和气体介质以及固体的表面温度，并把实时数据反馈给 Micro820 控制器。通过水泵把循环液输送到换热器，再由电压为 5V 的风扇将冷风吹入密封空间，实现对密封空间的制冷，在室温为 40℃左右的状态下，封闭空间内的温度不高于 8℃，最长降温时间不超过 20min。

（2）温度风冷被控对象功能解析

① 工业热电偶量程：0～100℃，模拟量电压值 0～10V（且呈线性关系）；

② 型号为 2080-LC20-20QBB 的 Micro820 控制器，其模拟量的范围是 0～20mA，模拟量值的范围是 0～4095，对应的温度测量范围是 0～100℃；

③ 综上可得公式：模拟量值÷40.95=温度。（模拟量值可通过 ANY_TO_REAL 功能块转化为 REAL 型数据，才可参与上面的运算）。

5.2 基于模拟量 PLC 的温度风冷过程控制应用案例

 案例题目 ── 基于模拟量PLC的温度风冷过程控制 ──

（1）控制要求

① 将罐体内的温度稳定在 20℃，并通过触摸屏实现监控；

② 当前程序需要具有模拟量处理功能的 Micro820 控制器（型号为 2080-LC20-20QBB）和触摸屏，在保持 Micro820 控制器的梯形图程序处于运行模式的条件下进行操作；

③ 点击触摸屏上的"读取温度"按钮，触摸屏界面上的趋势图中会显示当前罐体温度；输入设定温度后，点击"开启降温"运行降温系统。

（2）案例实施步骤

① 按照如图 5-2 所示的要求，完成应用案例的线路安装；

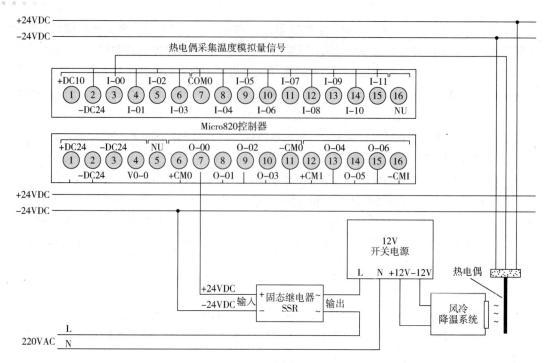

图 5-2　应用案例接线图

② 在 CCW 软件中建立如图 5-3 所示的局部变量并注意选择局部变量的 "数据类型";

名称	别名	数据类型	维度	项目值	初始值	注释	已保留	字符串大小
TEM1		REAL					☐	
bu		BOOL					☐	

图 5-3　局部变量

③ 建立如图 5-4 所示的全局变量并注意选择全局变量的 "数据类型";

名称	别名	数据类型	维度	项目值	初始值	注释	已保留	字符串大小
_IO_EM_AO_00		WORD					☐	
button1		BOOL					☐	
button2		BOOL					☐	
TEM		REAL					☐	
Set		REAL					☐	

图 5-4　全局变量

④ 编写应用案例所需的梯形图程序,如图 5-5 所示;

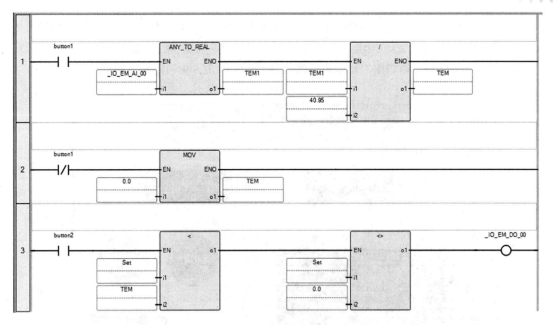

图 5-5　梯形图程序

⑤ 在触摸屏设计项目中，建立如图 5-6 所示的标签并注意标签的"数据类型""地址"和"控制器"；

标签名称	数据类型	地址	控制器	描述
TAG0001	Boolean	button1	PLC-1	
TAG0002	Boolean	button2	PLC-1	
TAG0003	Real	TEM	PLC-1	
TAG0004	Real	Set	PLC-1	

图 5-6　触摸屏标签

⑥ 继续完成触摸屏的其他设置，如图 5-7 所示；

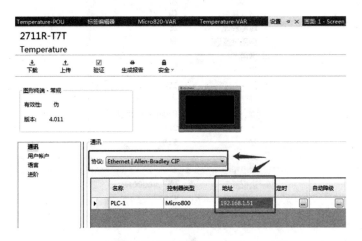

图 5-7　触摸屏其他设置

⑦ 在 CCW 软件中，建立如图 5-8 所示的触摸屏操作界面（字体颜色、字号的大小等可根据需要进行个性化的修改）。按钮"读取温度""开启降温"以及"当前温度"显示窗口、"设定温度"输入窗口以及"趋势图"显示窗口的属性对话框如图 5-9～图 5-14 所示；

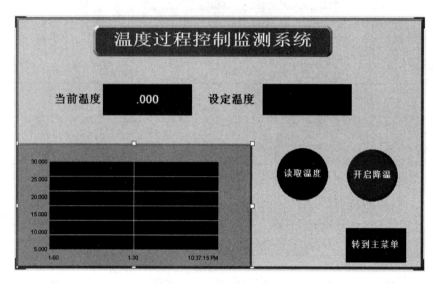

图 5-8　触摸屏操作界面

图 5-9　"读取温度"按钮属性设置对话框

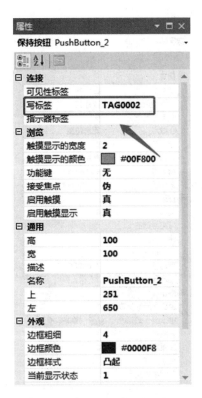

图 5-10　"开启降温"按钮属性设置对话框

图 5-11　"当前温度"显示窗口属性设置对话框

图 5-12 "设定温度"输入窗口属性对话框

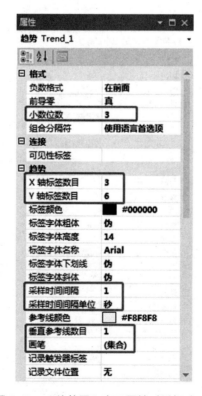

图 5-13 "趋势图"窗口属性对话框（1）

图 5-14　"趋势图"窗口属性对话框（2）

⑧　在保证触摸屏、Micro820 控制器及工控机可以正常地进行以太网通讯的情况下，分别将梯形图程序下载到 Micro820 控制器中；将触摸屏设计界面下载到触摸屏中。先运行 Micro820 控制器中的梯形图程序，再运行触摸屏中的操作界面设计程序，如图 5-15 所示；

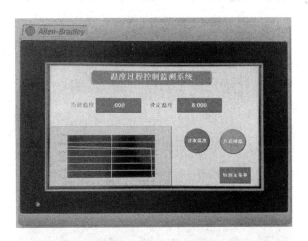

图 5-15　2711R-T7T 执行操作界面设计程序的画面

⑨　在触摸屏上点击"读取温度"按钮，并输入"设定温度"信息之后，点击触摸屏上的"开始降温"按钮后，风冷降温系统开始工作，在趋势图上可以实时显示当前降温情况。如图 5-16～图 5-18 所示；

图 5-16　已经读取当前温度并开始降温

图 5-17　降温过程中（1）

图 5-18　降温过程中（2）

⑩ 当温度下降到 8℃左右的时候，温度基本保持恒定。

本应用案例到此结束。

（3）分析与提高

本应用案例中，对温度的采样是通过热电偶实现的。本案例中工业热电偶的量程是 0～100℃，模拟量电压值 0～10V（且呈线性关系）。如果在工程实际应用过程中，所选用的工业热偶型号与本案例不同，则需要在梯形图程序设计过程中，不仅修改相应的参数，还需要适当增加数据处理梯级或者指令块。

参考文献

[1] 邹显圣. 控制系统应用[M]. 北京：化学工业出版社，2022.

[2] 王静. 可编程控制器应用[M]. 北京：化学工业出版社，2021.

[3] 钱晓龙，李鸿儒. 智能电器与 MicroLogix 控制器[M]. 北京：机械工业出版社，2003.

[4] 钱晓龙. MicroLogix 控制器应用实例[M]. 北京：机械工业出版社，2003.

[5] 钱晓龙，李晓理. 循序渐进 PowerFlex 变频器[M]. 北京：机械工业出版社，2007.

[6] 钱晓龙，李晓理. 循序渐进 SLC500 控制系统与 PanelView 训练课[M]. 北京：机械工业出版社，2008.

[7] 钱晓龙，路阳，袁伟. 循序渐进 Kinetix 集成运动控制系统[M]. 北京：机械工业出版社，2008.

[8] 钱晓龙，赵舵. MicroLogix 核心控制系统[M]. 北京：机械工业出版社，2010.

[9] 王华忠. 工业控制系统及其应用——PLC 与组态软件[M]. 北京：机械工业出版社，2016.

[10] 何衍庆. 常用 PLC 应用手册[M]. 北京：电子工业出版社，2008.

[11] 张振国，方承远. 工厂电气与 PLC 控制技术[M]. 5 版. 北京：机械工业出版社，2017.

[12] 徐绍坤. 电气控制与 PLC 应用技术[M]. 北京：中国电力出版社，2015.

[13] 姚羽，祝烈煌，武传坤. 工业网络安全技术与实践[M]. 北京：机械工业出版社，2017.